不戰而屈人之兵，善之善者也

# 打開傳說中的書
## About ClassicsNow.net

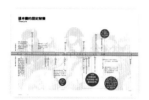

關鍵時間、人物、地點，在
書前有簡明要點。

「1.0」：以跨越文字、繪畫、
攝影、圖表的多元角度，破
解經典的神秘符號。

「2.0」：以圖像來重現原典，
或者重新做創作性的詮釋。

　　大約一百年前，甘地在非洲當律師。有天，他要搭長途火
車，朋友在月台上送了他一本書。火車抵站的時候，他讀完
了那本書，知道自己的未來從此不同。因為，「我決心根據
這本書的理念，改變我的人生。」

　　日後，甘地被稱為印度聖雄的一些基本理念與信仰，都可
溯源到這本書*。


　　◎

　　閱讀，可以有許多收穫與快樂。

　　其中最神奇的是，如果我們有幸遇上一本充滿魔力的書，
就會跨進一個自己原先無從遭遇的世界，見識到超出想像之
外的天地與人物。於是，我們對人生、對未來的認知與準
備，截然改觀。


　　◎

　　充滿這種魔力的書很多。流傳久遠的，就有了「經典」的
稱呼。

　　稱之為「經典」，原是讚嘆與敬意。偏偏，敬意也容易轉
變為敬畏。因此，不論中外，提到「經典」會敬而遠之，是
人性之常。

　　還不只如此。這些魔力之書的內容，包括其時間與空間的
背景、作者與相關人物的關係、遣詞用字的意涵，隨著物換
星移，也可能會越來越神秘，難以為後人所理解。

　　於是，「經典」很容易就成為「傳說中的書」——人人久
聞其名，卻沒有機會也不知如何打開的書。

我們讓傳說中的書隨風而逝，作者固然遺憾，損失的還是我們。

每一部經典，都是作者夢想之作的實現；每一部經典，都可以召喚起讀者內心的另一個夢想。

讓經典塵封，其實是在封閉我們自己的世界和天地。

◎

何不換個方法面對經典？何不讓經典還原其魔力之書的本來面目？

這就是我們的想法。

因此，我們先請一個人，就他的角度，介紹他看到這部經典的魔力何在。

再來，我們以跨越文字、繪畫、攝影、圖表的多元角度，來打開困鎖住魔力之書的種種神秘符號。

然後，為了使現代讀者不會在時間和心力上感受到太大壓力，我們挑選經典原著最核心、最關鍵的篇章，希望讀者直接面對魔力之書的原始精髓。 此外，還有一個網站，提供相關內容的整合、影音資料、延伸閱讀，以及讀者互動的可能。

因為這是從多元角度來體驗經典，所以我們稱之為《經典3.0》。

◎

最後，我們邀請的就是讀者，您了。

您要做的唯一的事情，就是對這些魔力之書的光環不要感到壓力，而是好奇。

您會發現：打開傳說中的書，原來就是打開自己的夢想與未來。

「3.0」：經典原著中，最關鍵與最核心的篇章選讀。

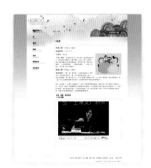

ClassicsNow.net網站，提供相關影音資料及延伸閱讀，以及讀者的互動。

*那本書是英國作家與思想家羅斯金（John Ruskin）寫的《給未來者言》（*Unto This Last*）。

經典3.0
ClassicsNow.net

# 以德治兵者得天下

## 孫子兵法
### The Art of War

孫武 原著

王守常 導讀

蔡志忠 2.0繪圖

# 他們這麼說這本書
## What They Say

插畫：蘇雪芬

朕觀諸兵書，
無出孫武

### 唐太宗李世民

📅 599～649

💬 在唐太宗與唐朝名將李靖的《唐太宗李衛公問對》中，多次引用《孫子兵法》的戰術說明兵法。唐太宗並且評論：「朕觀諸兵書，無出孫武；孫武十三篇，無出虛實。夫用兵，識虛實之勢，則無不勝焉。今諸將之中，但能言背實擊虛，及其臨敵，則鮮識虛實者。蓋不能致人，而反為敵所致故也。」他特重其中的《虛實篇》，強調掌握虛實之勢為戰勝的關鍵。

### 曹操

📅 155～220

💬 在《孫子略解》的自序中曾寫道：「吾觀兵書戰策多矣，孫子所著深矣。」

孫子所著深矣

天下第一神靈

### 松下幸之助

📅 1894～1989

💬 日本著名企業家、松下公司創辦人。他曾說：「商場就是戰場，買賣就是用兵，中國古代先哲孫子，是天下第一神靈，員工應對孫子頂禮膜拜，對其兵法應認真背誦。」他曾自稱，他從1918年的小資本，發展到擁有一百三十多家工廠、地跨五大洲的「松下王國」，就是憑藉《孫子兵法》。

大前研一

1943～

日本著名管理學家與經濟評論家,他認為採用《孫子兵法》指導企業經營管理,比美國的企業經營管理更合理有效。

採用《孫子兵法》
指導企業經營管理

王守常

1948～

這本書的導讀者王守常,現任中國文化書院院長、北京大學哲學系教授。他認為《孫子兵法》幾千年流傳下來,成為中國兵學的經典,就是因為《孫子兵法》並非只講具體的戰術或謀略,而是對戰爭本質的深刻反思,強調的是道德關懷和人本精神。

強調的是道德關懷
和人本精神

你

?

在二十一世紀此刻的你,讀了這本書又有什麼話要說呢?請到ClassicsNow.net上發表你的讀後感想,並參考我們的「夢想實現」計畫。

你要說些什麼?

# 和作者相關的一些人
## Related People

插畫：蘇雪芬

約公元前535年～約前480年

父親為齊國卿孫憑，之後不堪齊國內戰頻仍而移居吳國，先在吳國郊外隱居，完成《孫子兵法》十三篇初稿。之後經由伍子胥引薦，覲見吳王夫差並獻上《孫子兵法》。知名的事蹟是替夫差訓練後宮嬪妃，重視軍紀，而有「將在軍，君命有所不受」的名言。司馬遷書《史記》，將其與戰國初期名將吳起並列為〈孫子吳起列傳〉。

孫武

伍子胥

?～約公元前484年

為春秋時期楚國人，由於楚平王殺害其父兄，又懸賞捉拿他，因此出逃。在吳楚交界的昭關愁白頭髮，輾轉逃到吳國後，結識刺客專諸，使專諸刺殺吳王僚，成功協助闔閭即位，因而受到重用。他同時引薦孫武給吳王闔閭，兩人共同效忠輔佐吳王，終於成功擊敗楚國，為父兄報仇，然而之後吳王夫差命其自盡，憤恨而死。

?～約公元前496年

姬姓，名光，為春秋時吳國第二十四任君主，吳王諸樊之子。在公元前514年派專諸刺殺吳王僚，奪取吳國王位，改稱「闔閭」。即位後重用伍子胥與孫武為將，當孫武進獻《孫子兵法》時大讚「子之十三篇，吾盡觀之矣」。他聯蔡、唐而破楚，但於公元前496年攻越時傷重而亡，死前囑咐其子夫差莫忘殺父之仇。

吳王闔閭

## 句踐

📅 約公元前520～前465年

💬 為春秋後期的越國君主，公元前496年即位後，大敗吳軍且使闔閭傷重不治。之後不聽范蠡勸阻而執意攻吳，被圍困於會稽山，派文種向吳王求和，並獻上美女西施。句踐求和成功，返回越國後，臥薪嘗膽，發誓滅吳，重用范蠡與文種，「十年生聚、十年教訓」，終於在公元前482年攻破吳國，成為春秋時期最後一位霸主。

📅 ？～約公元前473年

💬 姬姓，父為闔閭，是吳國第二十五任君主，為報越王句踐殺父之仇，勵精圖治，在孫武和伍子胥的輔佐下，於公元前494年打敗句踐。句踐求和，但伍子胥力勸應一舉殲滅越國，夫差不聽，遂令伍子胥自盡。然而句踐在公元前482年攻破吳國都城姑蘇，夫差潰逃，公元前473年自殺身亡。

## 吳王夫差

## 孫臏

📅 ？～約公元前316年

💬 戰國時期的軍事家，為孫武的後代。曾與龐涓一同師事鬼谷子，遭到龐涓陷害，而被處以「臏刑」，亦即剜去膝蓋骨，透過裝瘋瞞騙龐涓，逃至齊國，之後便以「臏」為名。他在齊國被任命為軍師，贏得桂陵之戰與馬陵之戰。有《孫臏兵法》傳世，起初學者推測孫臏與孫武為同一人，而當1972年銀雀山漢墓的竹簡本《孫臏兵法》與《孫子兵法》同時出土後，才確定孫臏非孫武。

# 這本書的歷史背景
## Timeline

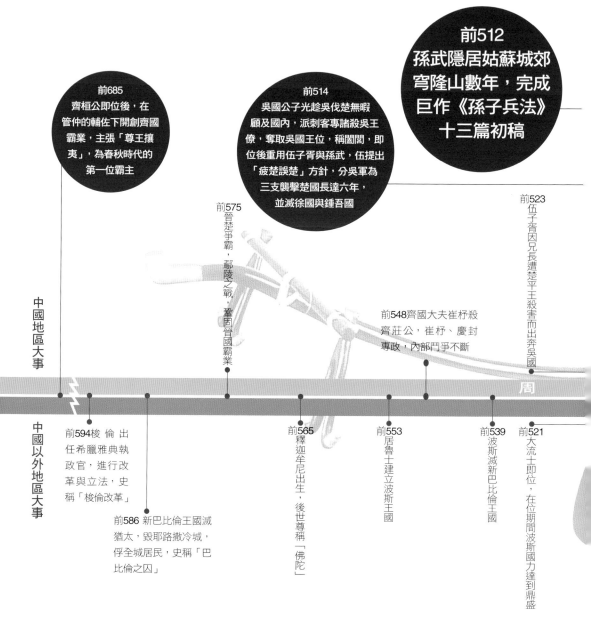

前512
孫武隱居姑蘇城郊穹隆山數年，完成巨作《孫子兵法》十三篇初稿

前685
齊桓公即位後，在管仲的輔佐下開創齊國霸業，主張「尊王攘夷」，為春秋時代的第一位霸主

前514
吳國公子光趁吳伐楚無暇顧及國內，派刺客專諸殺吳王僚，奪取吳國王位，稱闔閭，即位後重用伍子胥與孫武，伍提出「疲楚誤楚」方針，分吳軍為三支襲擊楚國長達六年，並滅徐國與鍾吾國

前575
晉楚爭霸，鄢陵之戰，鞏固晉國霸業

前548齊國大夫崔杼殺齊莊公，崔杼、慶封專政，內部鬥爭不斷

前523
伍子胥因兄長遭楚平王殺害而出奔吳國

中國地區大事

周

中國以外地區大事

前594梭倫出任希臘雅典執政官，進行改革與立法，史稱「梭倫改革」

前586 新巴倫王國滅猶太，毀耶路撒冷城，俘全城居民，史稱「巴比倫之囚」

前565
釋迦牟尼出生，後世尊稱「佛陀」

前553
居魯士建立波斯王國

前539
波斯滅新巴倫王國

前521
大流士即位，在位期間波斯國力達到鼎盛

前506 楚攻打吳屬國蔡國，吳攻楚，破楚都，為「柏舉之戰」，伍子胥掘楚平王墓鞭屍，報父兄之仇

前505 秦、楚夾擊，吳軍屢戰屢敗，越兵也攻吳，吳王返吳

前497孔子始周遊列國

前496 吳王聞越王允常去世，倉促攻越，遭句踐反擊成功，吳軍敗退，闔閭傷重而死，夫差繼位

前494 夫差伐越國，大敗句踐於夫椒山，孫武、伍子胥用計欺敵，句踐於會稽山上求和，伍子胥力勸夫差一舉滅越，夫差不聽

前484夫差攻齊，伍子胥主張應先攻越，夫差賜死伍子胥，棄屍於錢塘江中

前482 夫差北上「黃池之會」，句踐趁虛而入，殺吳太子，夫差被迫求和

前479 孔子逝世

前387
戰國初期知名軍事家吳起於楚國進行變法改革，其著作《吳子》與《孫子兵法》並稱《孫吳兵法》，《韓非子‧五蠹》亦稱「孫吳」，司馬遷撰《孫子吳起列傳》，可見兩人在軍事史的重要地位

前473
句踐攻破吳都城姑蘇，夫差被圍於姑蘇山上，吳亡，句踐成為春秋時期最後一位霸主

前509 羅馬建立共和體制，結束王政時期

前490 希臘聯軍對抗波斯的「馬拉松戰役」成功

前484「溫泉關戰役」，斯巴達三百壯士為抵抗波斯軍隊而戰死

前469 古希臘哲人蘇格拉底出生

前450 羅馬頒布「十二銅表法」，為古羅馬最早的成文法

# 這位作者的事情
## About the Author

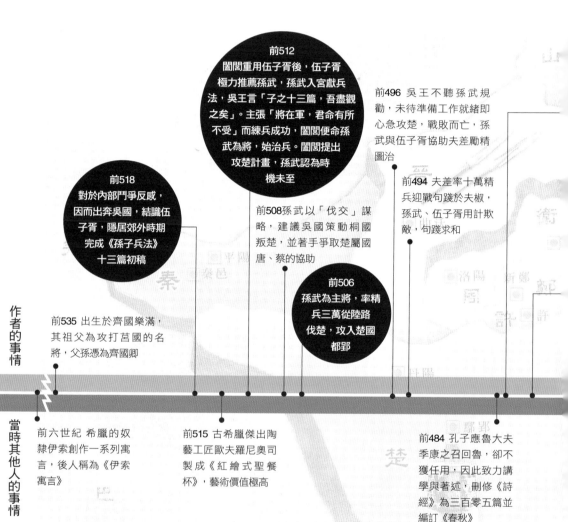

前512
闔閭重用伍子胥後，伍子胥極力推薦孫武，孫武入宮獻兵法，吳王言「子之十三篇，吾盡觀之矣」。主張「將在軍，君命有所不受」而練兵成功，闔閭便命孫武為將，始治兵。闔閭提出攻楚計畫，孫武認為時機未至

前496 吳王不聽孫武規勸，未待準備工作就緒即心急攻楚，戰敗而亡，孫武與伍子胥協助夫差勵精圖治

前518
對於內部鬥爭反感，因而出奔吳國，結識伍子胥，隱居郊外時期完成《孫子兵法》十三篇初稿

前508孫武以「伐交」謀略，建議吳國策動桐國叛楚，並著手爭取楚屬國唐、蔡的協助

前494 夫差率十萬精兵迎戰句踐於夫椒，孫武、伍子胥用計欺敵，句踐求和

前506
孫武為主將，率精兵三萬從陸路伐楚，攻入楚國都郢

作者的事情

前535 出生於齊國樂滿，其祖父為攻打莒國的名將，父孫憑為齊國卿

當時其他人的事情

前六世紀 希臘的奴隸伊索創作一系列寓言，後人稱為《伊索寓言》

前515 古希臘傑出陶藝工匠歐夫羅尼奧司製成《紅繪式聖餐杯》，藝術價值極高

前484 孔子應魯大夫季康之召回魯，卻不獲任用，因此致力講學與著述，刪修《詩經》為三百零五篇並編訂《春秋》

前483
孫武隱居，觀
察時勢，修
訂兵法

前480
約於此時逝世，
葬於吳都郊
外

1972《孫子兵法》竹
簡本於山東臨沂銀雀
山漢墓出土，確定並
非孫臏所撰

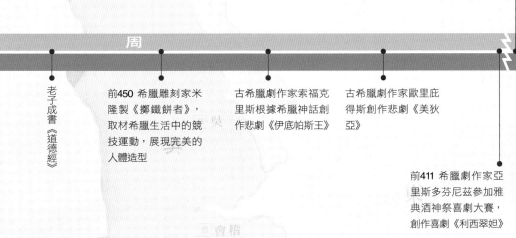

周

老子成書
《道德經》

前450 希臘雕刻家米
隆製《擲鐵餅者》，
取材希臘生活中的競
技運動，展現完美的
人體造型

古希臘劇作家索福克
里斯根據希臘神話創
作悲劇《伊底帕斯王》

古希臘劇作家歐里庇
得斯創作悲劇《美狄
亞》

前411 希臘劇作家亞
里斯多芬尼茲參加雅
典酒神祭喜劇大賽，
創作喜劇《利西翠妲》

李豐吟繪

9

# 這本書要你去旅行的地方
## Travel Guide

### 河北

**● 北京 軍事博物館**

位北京長安街,內有古代戰爭館,以戰爭史為主線,展示中國歷代的兵器、軍事與人物,並陳列中外各種版本的《孫子兵法》。

TOP PHOTO

**● 宣化 炮兵博物館**

前身為北京炮兵展室,1987年更名為「炮兵博物館」,設有古代展室,介紹先秦至清末的炮兵兵器發展與演變。

### 寧夏

TOP PHOTO

**● 靈武市 水洞溝旅遊區**

位寧夏靈武市,現今保存最完整的長城防禦體系,其中的藏兵洞是中國最早用於防禦與攻擊的地道雛形。

### 四川

**● 宜賓 天寶寨**

位蜀南竹海南緣仙寓東側的峭壁中,為一天然岩腔,上懸空,下為峭壁。1997年在洞中按「三十六計」鑿成巨幅圖畫,為知名石刻。

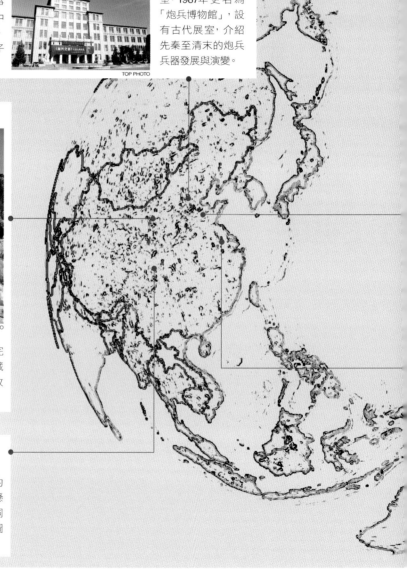

## 山東

### ●淄博 古車博物館

位臨淄區齊陵鎮，坐落於後李文化遺址，設有春秋車馬展廳與中國古車陳列館，展現齊國作為「千乘之國」的繁盛。

### ●臨沂 銀雀山漢墓竹簡博物館

位臨沂市銀雀山西南，為《孫子兵法》竹簡與《孫臏兵法》出土處，1981年於漢墓遺址上興建，館內設有孫子兵法展廳、孫臏兵法展廳等，並藏有《孫子兵法》木牘。

### ●濱州 孫子兵法城

位濱州市惠民縣內，根據宋代古城遺址修建，劃分為三大部分，其中設有孫子兵法文化展示區，以現代科技詮釋《孫子兵法》內涵。

TOP PHOTO

### ●淄博 東周殉馬坑

位臨淄區齊都鎮，春秋時期的齊國君主墓地，此坑道與西安秦馬俑、徐州銅馬並稱中國三大殉馬遺跡，展示春秋五霸齊國的強盛軍力。

TOP PHOTO

TOP PHOTO

## 江蘇

### ●蘇州 孫子兵法碑刻廊

位穹隆山內，占地一千三百多平方公尺，設有孫子兵法中英日文碑與孫子畫像，兩側為將軍廊與書法家廊，另有孫武第七十八代後裔孫浩所作壁畫。

### ●蘇州 兵聖堂

位穹隆山內，前有孫武銅像，內陳設吳國歷史與孫武相關物品書籍，堂中有一屏風，上書《孫子兵法》全文，底部刻有「水陸攻戰圖」。

TOP PHOTO

### ●蘇州 孫武苑

位蘇州市兵聖路穹隆山，穹隆山為孫子隱居撰寫《孫子兵法》之處，現今設有孫武苑草堂，形制模仿孫武隱居生活，2010年設立孫武書院。

封面繪圖：陳弘耀

# 目錄 以德治兵者得天下 孫子兵法
## Contents

13 —— **導讀** 王守常

孫子倡導「全勝」、「智勝」，是因為他看到了戰爭的殘酷性，因而提出了「慎戰」的思想。從中我們可以體會到《孫子兵法》一書裏所蘊含對人生命的關心與尊重。

47 —— **孫子說** 蔡志忠

65 —— **原典選讀** 孫武原著

孫子曰：凡用兵之法，全國為上，破國次之；全軍為上，破軍次之；全旅為上，破旅次之；全卒為上，破卒次之；全伍為上，破伍次之。是故百戰百勝，非善之善者也；不戰而屈人之兵，善之善者也。

# 導讀

王守常

現任中國文化書院院長、北京大學中國哲學與文化研究所副所長
東方文化叢書中國文化編主編、中國國際教育交流協會常務理事;研究領域為中國哲學史、中國近現代哲學

要看導讀者的演講,請到ClassicsNow.net

**《孫子兵法》產生於春秋時代**，曾經繁榮的周朝由於內部的鬥爭加劇，以及戎狄之患等諸多的因素影響，在周幽王之前已經逐漸中衰。周幽王終於以一場「烽火戲諸侯」的鬧劇結束了西周，歷史也進入了大國爭霸的時期。從春秋時代約三百年的歷史背景來看，那時諸侯爭霸、列國兼併，以及華夏族與戎狄部落之間引發的大小戰爭，多達四百八十餘次，在這樣動亂不安的時代下，孫武逐步綜合軍事經驗，累積前人的戰爭實例，總結了春秋以來的戰爭經驗和規律，寫成了一本偉大的兵書《孫子兵法》。

TOP PHOTO

（上圖）孫子雕像。
（右圖）河南三門峽虢國墓地出土的春秋戰車復原模型。

　　《孫子兵法》作為一部傳世已久的兵書，於各時代每個人總有不同的讀法。我們常常說，有一百個讀者就有一百個哈姆雷特。每個人讀《孫子兵法》，都會從他的社會生活背景與思維方式、價值觀念去理解與解讀。當今就已經有很多的軍事學家、經濟管理學者在講解《孫子兵法》，媒體也告知我們美軍把《孫子兵法》用在伊拉克戰場上，他們的「斬首行動」戰略思想即是從這本書中受到了啟發。《孫子兵法》在商業上也成為企業家們制勝的寶典秘笈了——《孫子兵法》一書在今天成了熱門書。

## 排不上位子的市井小計

　　在談《孫子兵法》之前，先要提及「三十六計」的問題。有些媒體不止一次把「三十六計」和「孫子兵法」混為一談，讓人們以為「三十六計」是《孫子兵法》的一部分，兩者同為一作者所著，我認為媒體不應該出現這樣的誤解。「三十六計」出現的具體時間，從文獻上無從考證，但是從字源上考究，「三十六計」應是源於《易經》的「三十六策」一句而來。而後，在魏晉南北朝時期的文獻上，我們看到《南齊書·王敬則傳》有載：「檀公三十六策，走為上計，汝父子唯應走耳。」後有宋代惠洪的《冷齋夜話》言：「三十六計，走為上計」。又《宋稗類鈔》亦有此句。及明代中期始，引用此語的人更多，可知「三十六計」在那時已很流行了，這與明代的市民文化發展有很大的關係。這個時期，筆記文學發展很快，編輯各類叢書很流行。其中有關智謀類的叢書，如有孫能傳的《益智編》、樊玉衡的《智品》，以及馮夢龍編輯的「智囊」等。但是我們沒有發現這類叢書的編者引用「三十六計」，可能當時還沒有成為一本書，到底

何時成為一本書不得而知。據說《三十六計》一書是在三十年代末在陝西某縣城的地攤上發現的，是一個手抄本，收藏者於六十年代撰文介紹，後來將此手抄本《三十六計》贈送到了軍事科學院。今天到處流行的《三十六計新編》應是那本手抄本的翻刻本。但是你會發現《三十六計》這本書沒有作者或編者，這可以有兩種解釋：一是《三十六計》雖然流傳很久，但非一人所著和編輯，故沒有署名。其二，我以為《三十六計》的內容不過都是狡詐小慧之術，著者與編者可能恥於署名。當然《三十六計》一書在中國兵學文化中也排不上位子。

《三十六計》與馮夢龍編輯的《智囊》比較，還不如馮夢龍的境界高。馮氏在《智囊全集·智囊自敘》中說：「人有智猶地有水，地無水為焦土，人無智為行屍。智用於人，猶水行於地，地勢坳則水滿之，人事坳則智滿之。周覽古今成敗得失之林，莫不由此。何以明之？昔者桀紂愚而湯武智，六國愚而秦智，楚愚而漢智，隋愚而聖祖智。舉大則細可見，斯《智囊》所為述也」。以馮氏「狡而

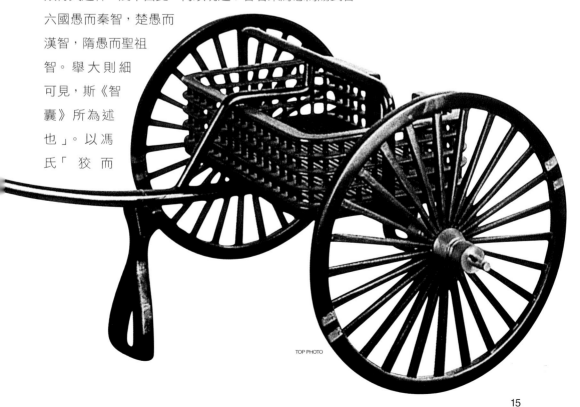

TOP PHOTO

15

「工欲善其事，必先利其器」，要上場作戰，武器不得不準備萬全。對於兵器，中國幾千年的戰爭史也是不斷的進步，累積經驗。兵器最初由石器時代的石兵器，演變成殷商代的青銅兵器，變得更輕、更方便使用。隨著冶鐵的發達，周代發展到了鐵兵器的時代，武器也越來越輕便，用途更廣。主要分為長兵器與短兵器兩種。長兵器的戰鬥範圍比較廣，但因為長兵器可能在交戰時斷掉，或是刺進敵軍的身體裏無法即時取出，所以短兵器還是必備的。隨著中國四大發明之一的火藥被運用到軍事領域上，火藥與冷兵器結合變成了火器，兵器也分成冷兵器如刀、劍，與火器如火藥、火球、地雷，兩大類別。

TOP PHOTO

（上圖）山東出土的《三十六計》玉簡冊拓片。一般誤以為《三十六計》出於《孫子兵法》書中，其實《三十六計》本出於市井。

歸之於正」之見，狡詐之術可為借鑑，但要施於正大。而《三十六計》所鼓吹之狡詐之術，如「借刀殺人」、「趁火打劫」、「渾水摸魚」、「瞞天過海」、「笑裏藏刀」、「順手牽羊」、「指桑罵槐」、「上屋抽梯」、「偷梁換柱」等市井小計，卻在道德信仰缺失之今天，反而於媒體、講堂大行其道，難道今天的社會價值與信仰的建構需要借鑑那些雞鳴狗盜之術嗎？令人費解。

## 1972年的重要發現

歷史昭示，社會轉型時期的人們大都要轉向「經典閱讀」，汲取精神資源。那麼，《孫子兵法》一書可以給我們什麼啟示呢？我們先來了解《孫子兵法》一書的流傳過程。關於《孫子兵法》著作的傳流，首先由《史記‧孫子吳起列傳》記載：「孫子武者，齊人也，以兵法見吳王闔閭。闔閭曰：子之十三篇，吾盡觀之矣。」那即是說在漢初時《孫子兵法》一書已有十三篇了，而且明確說是孫武所作。而在《漢書‧藝文志》中則著錄：「《吳孫子兵法》八十二篇」，「圖九卷」。吳孫子即孫武，又有「圖九卷」的記載。這與《史記》的記載不同了。又在《隋書‧經籍志》則著錄：「《孫子兵法》二卷，《孫子八陣圖》一卷，亡。」這又與《漢書》記載不同。顯然，《孫子兵法》一書在那一千多年的時間裏有過很多版本。到了唐代在《唐書‧藝文志》裏著錄：「《孫子兵法》十三卷，孫武撰，魏武帝注。」這也就是現在流行的版本。關於《孫子》的作者和年代，秦漢之時還沒有爭論。到了南宋，葉適提出懷疑（見《習學記言序目》。他認為《孫子兵法》）不是孫武所作，應為「春秋末年戰國初年山林處士所為」。其理由為：前稱十三篇，後稱八十二篇，前後矛盾。後人梁啟超在《諸子考釋‧漢書藝文志諸子略考釋》一文中也認為：「未必孫武所著，當是戰國人依託。」另外有學者則堅持認為：《孫子兵法》為戰國時孫臏的著作。

孫臏是孫武的後世子孫。《史記》記載:「孫武既死」,「後百餘歲有孫臏」,「孫武之後世子孫也。」在《漢書‧藝文志》裏記有《吳孫子兵法》八十二篇,《齊孫子兵法》八十九篇(齊孫子即孫臏),大概漢以後《孫臏兵法》就佚失了。從《隋書‧藝文志》開始,就看不到歷代著錄了。由此,後人對孫武與孫臏,《孫子兵法》與《孫臏兵法》有了許多的猜測。馮友蘭認為《孫子兵法》十三篇,是《齊孫子兵法》八十三篇的一部分。其理由是《孫子兵法》中說的「凡用兵之法,馳車千駟,革車千乘,帶甲十萬,千里饋糧」,春秋末期不會有如此大規模的戰爭。包括日本漢學家齋藤掘堂的《孫子辨》也認為孫武、孫臏為一人。

　　歷史上的爭論,一直到二十世紀的七十年代才徹底解決。1972年在山東臨沂的銀雀山所發現的漢墓出土的竹簡約七百枚中,有三百枚簡,近三千字。其中二千字與今本《孫子兵法》十三篇相同。另四百餘枚,約一萬一千字,似為《齊孫子兵法》,即為孫臏所作。1975年,中華書局出版了《孫臏

(上圖)山東臨淄齊國歷史博物館所做的齊國市井風貌復原模型。可由此想像春秋戰國時期百姓生活之面貌。

**銀雀山漢墓** 的歷史意義在於解決了長期以來，史學界對「孫子」究竟指孫武還是孫臏的爭議。直到1972年在山東臨沂銀雀山的漢墓竹簡出土，為我們解開了這兩千多年的謎：兩本書的同時出土，證明了原來《孫子兵法》與《孫臏兵法》完全是兩部各成系統的兵書，這也表示孫子與孫臏皆各有其人。迄今所發現最早且較為完整的《孫子》書，是銀雀山墓出土的竹簡《孫子兵法》，而宋刻本《孫子兵法》則為現存最重要的《孫子》版本。此竹簡是極其珍貴的第一手資料，而在考古學、歷史學、軍事學、古文字學等領域的價值日益顯現。

TOP PHOTO

（上圖）1972年山東臨沂銀雀山漢墓出土的《孫子兵法》竹簡，此文物的出土證明了孫武和孫臏各有其人。

兵法校理》。其後亦有學者繼續考證，認為四百枚簡中，有部分或為其他兵法。此研究還在進行中。尚有許多疑點，還沒有完全確定。不過，這次漢簡的發現無疑在學術史上有著重大的意義。

## 道在器中，器不離道

《孫子兵法》被後世譽為「兵學聖典」，孫子也被推崇為「武聖人」、「百世兵家之師」。後世對《孫子兵法》有很多解讀與詮釋，影響較大的是宋刊本《武經七書》與《十一家注孫子》本。其後，陸續發現還有滿文、蒙古文與西夏文等少數民族文本。《孫子兵法》受到歷代的推崇與表彰自不必說。《孫子兵法》在世界上也流傳甚廣，唐代中期傳到日本，十八世紀中葉傳到歐洲，近代更受到國際上政界、軍界及經濟界人士的廣泛關注與讚譽。賓士汽車的廣告詞也引用《孫子兵法》中《軍爭》篇的「疾如風，其徐如林，侵掠如火，不動如山」，與《勢》篇的「無窮如天地，不竭如江海」之語作為廣告詞。如今《孫子兵法》在世界各國都產生了影響，也成為中國典籍被譯成最多語種的外文讀本之一。

該如何閱讀《孫子兵法》？首先要理解兩個概念：一個是「道」的概念，一個是「器」的概念。這二個概念出現在《易經》當中：「形而上者謂之道，形而下者謂之器」，這即說有形的上面就是「道」。那麼「形而下者謂之器」的「器」，就是指具體的東西，也可以用「術」來直陳。何謂「術」？清代學者章學誠解釋：「術也者，取所發明之真理致諸用者也。」換言之，「術」就是理性認知的　具體運用方法。「道」與「器」、「術」是什麼關係呢？二者的關係是「道在器中，器不離道」。這是中國哲學的根本思考方式。

《孫子兵法》幾千年流傳下來，成為中國兵學的經典，就

是因為《孫子兵法》並非只講具體的戰術或謀略，而是對戰爭本質的深刻反思，凝集了中國兵學思想的精粹。「道」在中國哲學裏有多種說法，簡要概括是關於自然、社會、人所固有的因果性、規律性，由此比附為道德本體，以及人們超驗的體悟境界。所以，在中國文化中一直認為「道」是「本」，「術」是「末」；「道」是「體」，「術」是「用」。「術」不離「道」，不存在一個純粹的獨立的「術」。我們換種說法，中國企業今天在大量借鑑西方的企業管理經驗與制度的時候，往往忽略了西方企業文化的核心價值。如果僅僅學習「惠普」的管理制度，而不理解 " HP way"（即惠普之道）所講的內在價值，即：（1）相信、尊重個人；（2）追求卓越；（3）誠信；（4）公司的成功是大家的貢獻；（5）開拓、創新。沒有這些核心價值的支撐，就不可能完全運用惠普的

（上圖）戰國青銅器上所刻的車戰圖，車後斜插著戰旗。一般來說，車上插有戰旗的通常是指揮作戰之車。

19

管理制度。企業文化的價值觀是「道」，企業的經營模式與行為風格是「術」。「道」在「術」中，沒有企業文化的核心價值觀念在管理制度中發揮作用，制度管理不會完善，甚至名存實亡。所以，今天企業界借鑑學習《孫子兵法》，只關注「謀略」、「詐道」，而全然不解孫子在兵法中所強調的道德關懷和人本精神，那是把《孫子兵法》庸俗化。

### 考察戰爭問題的五面體

　　《孫子兵法》一書共十三篇，只有約六千字，而儘管關於道、境界、道德這一類的辭彙字數很少，但是卻體現了《孫子兵法》的精髓和核心思想。在談這個問題之前，只就《孫子兵法》來談是不行的，應該有比較和對照。因此，我以德國十七至十八世紀，一位著名的軍事學家克勞塞維茲所寫的《戰爭論》，與《孫子兵法》對照比較。《戰爭論》一書，共

一百二十四章，是西方軍事著作當中的經典文獻。《戰爭論》的第一觀點是「戰爭是政治的繼續」。克勞塞維茲認為，戰爭沒有固定模式，每一次戰爭都有其自己的特色，各不相同。但從戰爭與政治的關係上看，政治是戰爭的母體。在任何情況下，都不應把戰爭看成獨立的東西，而要看作是政治的工具，是為政治服務的。戰爭爆發之後，並未脫離政治，仍是政治交往的繼續，是政治交往通過另一種手段的實現，是打仗的政治，當政治不能解決時，就需要用戰爭來解決。這個觀點大概成為我們解讀戰爭現象一個很重要的依據，當然這個政治的概念可以放大一些，也包括經濟、地緣等因素。比如兩伊戰爭，如果説兩伊下面沒有石油，西方強國也不會有那麼大的興趣，因為要控制戰略要地、戰略資源，所以有了兩伊戰爭。因此，可以説這個觀點是對戰爭本質性的一個精確的描述。那麼，《孫子兵法》裏面有沒有這樣的思想呢？

（上圖）元雜劇《楚昭王疏者下船》插畫。劇情描述吳王闔閭的寶劍為楚昭公所得，吳國伍子胥率兵攻楚，楚昭公攜妻子逃亡，爾後秦國出兵協助楚昭公復國，昭公終得一家團圓。
（右圖）湖北吳王夫差墓出土的吳王夫差青銅矛，上有銘文「吳王夫差自作用矛」。

《孫子兵法》開始就講：「兵者，國之大事，死生之地，存亡之道，不可不察也。」「兵」就是指戰爭，戰爭是國家最重大的事情，由於它關乎百姓生死，國家存亡的問題，因此每一個統治者不能不慎重周密地觀察、分析、研究。這話和《戰爭論》的話有異曲同工之妙，可以說兩千五百年前的孫子，已經認識到了戰爭不是獨立的現象，而是國家最重大的事情。所以孫子說，對戰爭的問題一定要慎重地對待，這就是「慎戰」的思想。孫子說「非利不動，非得不用，非危不戰」。孫子告誡統治者對待戰爭要慎之又慎，因為「死者不可以復生，亡國不可以復存」。孫子更加強調戰爭給人們帶來的慘痛危害以及大量財產的浪費。

那麼，如何考察戰爭問題呢？孫子提出從五個方面去認識：「一曰道，二曰天，三曰地，四曰將，五曰法」。所謂「道」，是指「令民同意」，即是指君主要關心民眾，符合民眾意願，達到目標一致，如此可以同生共死。「天」指晝夜、寒暑、四季。「地」指地勢高低、路程遠近、地勢險要和戰場的廣闊狹窄。「將」指軍事指揮者足智多謀、賞罰有信、關愛部下、勇敢果斷和軍紀嚴明。「法」指組織結構、人員編制和管理制度物資調配。孫子特別把「道」放在首位來考察，這也是荀子在《議兵篇》指出的「善附民也」之意。

《戰爭論》的第二觀點是「戰爭的根本目的是徹底消滅敵人」。克勞塞維茲認為戰爭是政治的繼續，因此戰爭的政治目的即是消滅敵人，而消滅敵人必然要通過武力決戰，透過戰爭才能達到。戰爭是一種比其他一切手段更為優越、更為有效的手段。而孫子並不以為戰爭是解決問題第一選擇。孫子說：「上兵伐謀，其次伐交，其次伐兵，其下攻城。攻城之法，為不得已。」在孫子看來：最佳的軍事行動是用謀略挫敗敵方的戰爭行為，其次就是用建立同盟，以外交手段戰勝敵人，再次是用武力擊敗敵軍，最下之策是攻打敵人的城

TOP PHOTO

21

TOP PHOTO

（上圖）卡爾‧馮‧克勞塞維茲（Carl von Clausewitz），普魯士著名軍事將領。他代表了普魯士的軍事改革派，曾提出聯合俄國制伏拿破崙的觀點，並參與了幾場著名的俄法戰爭。

池。攻城，是不得已而為之，是沒有辦法的辦法。所謂「伐謀」，就是「能而示之不能，用而示之不用，近而示之遠，遠而示之近。利而誘之，亂而取之，實而備之，強而避之，怒而撓之，卑而驕之，佚而勞之，親而離之。攻其無備，出其不意」。這些謀略是對以往戰爭中的經驗事件的高度概括與總結。

## 用兵之法的評級

孫子把「攻城」視為不得已而為之，因為在孫子看來，士兵像螞蟻一樣盤梯攻城，死傷三分之一，還不能成功，是重大災難。孫子在用兵之法上主張使敵人舉國降服是上策，用武力擊破敵國就次一等；使敵人全軍降服是上策，擊敗敵軍就次一等；使敵人全旅降服是上策，擊破敵旅就次一等；使敵人全卒降服是上策，擊破敵卒就次一等。即「全國為上，破國次之；全旅為上，破旅次之；全卒為上，破卒次之；全伍為上，破伍次之。」由此，孫子提出「百戰百勝，非善之善者也；不戰而屈人之兵，善之善者也」。百戰百勝，算不上是最高明的；不用交戰的方式就能降服全體敵人，這才是最高明的。「故善用兵者，屈人之兵，而非戰也；拔人之城而非攻也。」我以為，孫子這裏不是簡單的談論「謀攻之法」，而是告誡人們「不盡知用兵之害者，則不能盡知用兵之利也」。孫子倡導「全勝」、「智勝」，是因為他看到了戰爭的殘酷性，因而提出了「慎戰」的思想。從中我們可以體會到《孫子兵法》一書裏所蘊含對人生命的關心與尊重。

《孫子兵法》一書所處的時代背景為春秋戰國，百個諸侯國進入了爭霸與兼併戰爭的時代。在這些殘酷的戰爭當中，諸子對戰爭都有深刻的反思，所以有一句話叫「春秋無子不言兵」，是說春秋時代沒有一個人不討論戰爭的。可以想見當時的戰爭影響面有多大，這些讀書人都要關心戰爭的問題。儒、墨、道、法諸子對戰爭也做出了深刻的反思與批

判，可與《孫子兵法》做一比較。

## 諸子的戰爭論

孔子有沒有討論戰爭呢？相關的文獻裏沒有直接的討論。但是《論語》裏有一段材料，一個弟子問孔子立國的標準是什麼？他說是「足食」、「足兵」與「民信」，這個「信」是誠信的意思，這三個條件可以確保一個國家存在。弟子對孔夫子說，這三個條件能不能去掉一個？他說「足兵」可以去掉。這是說軍備可以不要考慮。弟子再問必不得已在「足食」與「民信」二者上，哪個可以先去掉？孔夫子說「去食」。孔子說：「民無信不立」，即是說沒有百姓對國家的信任，皇帝還立什麼國？這句話對現在成為一個世界負責任的

（上圖）江蘇穹隆山，山上保留了孫武隱居時的草廬「孫武苑」。據傳孫子便是在此處完成了《孫子兵法》。

TOP PHOTO

大國的一句警言，沒有誠信一個國家何以立。孔子不是不重視軍事戰備問題，孔子在《子路》篇裏說：「以不教民戰，是謂棄之。」這是說統治者讓沒有軍事訓練的百姓去打仗是不負責任。受文獻材料的限制，我們無法了解孔子是否有更多對戰爭的議論。

孟子討論戰爭問題就多一些。孟子說「春秋無義戰」，是說春秋時代發生的戰爭沒有正義的，都不符合尊卑禮儀原則。因為征伐的人應遵從上到下的概念，從上，上的概念就是周天子，周天子下令你才可以征伐下面的諸侯國。這就是「禮樂征伐自天子出」的意思，勢力相等的國家是不能相互征伐的。這裏所說的是發動戰爭要遵循一定的政治次序。傳統中國的戰爭觀，有一個最重要的精神，就是認為戰爭是造成人的死亡和物資毀害的最大原因。我們可以在《孟子》一書中看到孟子強烈批評統治者的戰爭行為：「今夫天下之人牧，未有不嗜殺人者也」。「爭地以戰，殺人盈野；爭城以戰，殺人盈城」。孟子批評梁惠王，「不仁哉，梁惠王也！仁者以其所愛及其所不愛，不仁者以其不愛及其所愛（朱熹注：親親而仁民，仁民而愛物。所謂以其所愛及其所不愛也）。「梁惠王以土地之故，糜爛其民而戰之，大敗，將復之，恐不能勝，故驅其所愛子弟以殉之，是之謂以其所不愛及其所愛也。」孟子認為「此所謂率土地而食人肉，罪不容於死。」孟子告誡統治者「以德行仁者王，王不待大」。「威天下不以兵革之利。得道者多助，失道者寡助。寡助之至，親戚畔之；多助之至，天下順之。」在孟子看來倚靠戰爭解決問題是「失道」，是沒有道義的行為，也就失去了百姓的支持與擁護。

在春秋時代儒家和墨家被稱為「顯學」，儒家與墨家是當時影響最大的學派。墨家有一篇文章是《非攻》。墨家對戰爭非常痛恨，所以他專門有這樣的文章來反對戰爭。墨子主張非攻，反對當時的「大則攻小也，強則侮弱也，眾則賊寡

（上圖）荀子。荀子在《議兵篇》提出「善附民也」，是指統治者應要了解百姓之心，才能達到上下目標一致。

也，詐則欺愚也，貴則傲賤也，富則驕貧也」的掠奪性戰爭。孟子批評戰爭貽誤農時，破壞生產。殘害無辜，掠民為奴，墨家反對戰爭的理由與儒家是一致的。墨家在中國歷史文化當中也算是一個兵家，因為他在防禦戰上為中國的兵學做出了很大的貢獻。

　　道家也是反對戰爭的。有人說《老子》這本書就是兵書，也有一定的道理。老子說「夫樂殺人者，則不可以得志於天下」，以殺人為樂者不能得天下。作為一個輔助帝王的人，應該「以道佐仁主者，不以兵強天下」。戰爭給社會與百姓帶來巨大的災害，所以老子說：「大軍之後，必有凶年。故善戰者果而已矣，勿以取強焉。」「夫兵者，不祥之器也，物或惡之，故有道者弗居。」「兵者非君子之器。兵者不祥之器也，不得已而用之。」作為道家代表的老子反對戰爭是不言而喻的。中國古代的戰爭觀有一個核心的觀念，那就是反對戰爭，尊重與關懷生命。這一觀念價值在南朝的高僧僧祐

（上圖）葛飾戴斗《繪本通俗三國志》。
畫中描繪赤壁之戰時周瑜在三江口小勝曹操的場景。赤壁之戰是中國歷史上著名的「以弱勝強」的戰役，這場戰爭的結果也導致了三國鼎立的局面。

25

# 春秋諸侯國分布圖　李曼吟繪

**齊桓公（？－公元前643年）**

齊桓公，名小白。其兄襄公在位時，國政混亂，公子小白與公子糾出逃在外。爾後襄公死，齊國內亂，公子小白搶先一步即位，是為齊桓公。齊桓公繼位後，任用管仲為相，推行改革，建立官制、實施民兵合一的制度，引領齊國走向強大。當時周天子勢力衰弱，齊桓公召集宋、陳等諸侯國會盟，成為盟主，並以「尊王攘夷」為號召，征伐楚國等邊疆地區，成為中原霸主，得周天子賞賜。是春秋時代第一位稱霸中原的諸侯。

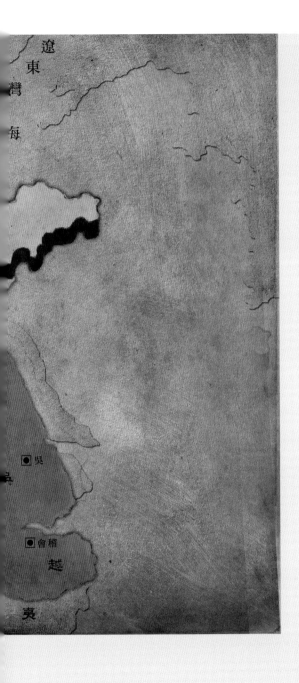

遼
東

彎
每

■吳

■會稽

越

衮

### 宋襄公（？－公元前637年）

宋襄公，名茲甫。公元前643年，齊桓公病逝，齊國內亂，宋襄公率領衛國、曹國和邾國等諸侯國援助投奔宋國的齊公子昭，與齊人裏應外合擁立公子昭為齊孝公。齊孝公時，內亂頻繁，齊國霸業告終，而宋襄公則因為擁立齊孝公的關係於諸侯國間有一定的名望，他欲繼承齊桓公霸業，舉兵伐楚（泓水之戰），可惜失敗重傷而卒，終沒能完成中原霸主的心願。

### 晉文公（公元前697年－公元前628年）

晉文公，名重耳。即位前與齊桓公相同，因內亂流亡於其他諸侯國中。重耳於翟、齊、曹、宋、鄭、楚、秦等國流浪後，最終於秦穆公的扶持下返國繼承王位。他繼位後重用趙衰、狐偃、賈佗、先軫、魏武子、介之推等賢臣，促使晉國強盛。公元前635年，周發生內亂，周襄王向晉文公求援，晉文公趁此機會打敗叛亂的周王子帶，護送周天子返國，得到周天子的賞賜。此後，晉文公又擊敗楚國，成為稱霸中原的諸侯國盟主。

### 秦穆公（？－公元前621年）

秦穆公，名任好。秦穆公治國重視人才，得百里奚、蹇叔、丕豹、公孫支等賢臣輔佐，國家一度強盛。他又輔佐晉文公返國繼位，形成秦晉聯盟，為秦國的富強打下一定基礎。晉文公死後，秦晉聯盟瓦解，秦穆公幾次攻晉未果，遂放棄東進的決心，改開拓西部領土，次第征服西戎諸部族，使秦國疆域開闊千里，史稱「秦穆公霸西戎」，周襄王並派遣召公過帶了金鼓送給秦穆公，以表示祝賀。

### 楚莊王（？－公元前591年）

楚莊王，名侶（又作旅）。楚莊王是春秋五霸中唯一出身於邊疆國家的盟主。在此之前，多為中原國家稱霸，因此楚國成為中原盟主在華夏文化融合上具有一定的意義。公元前611年，楚莊王前後征伐庸、麇、宋、舒、陳、鄭等諸侯國，皆取得勝利，之後又藉討伐戎為由，進犯周天子領地，欲問鼎周王室。公元前597年，楚莊王打敗當時最強盛的晉國，從此成為中原霸主。亦是春秋五霸中疆域最廣的君主。

在春秋戰國時期的軍事制度裏，王是最高的統帥，擁有中央常備軍，常備軍最大的單位為「師」，古人以二千五百人為一師。以西周為例，中央就有二十二個師。各諸侯雖然是各自獨立，擁有少量的師，但有義務要聽從中央的派遣、調度。也因此需要傳令、示警的系統，也就是烽火台。當第一個士兵看到敵人入侵而點燃烽火台時，第二個士兵看到之後也必須點燃烽火台，這樣一個接一個點燃烽火台，附近的諸侯就會派兵來救援。但周幽王上演「烽火戲諸侯」的鬧劇，嚴重傷害了烽火台的信用，使得烽火台沒有在關鍵的時刻發揮作用，也導致了西周的滅亡。

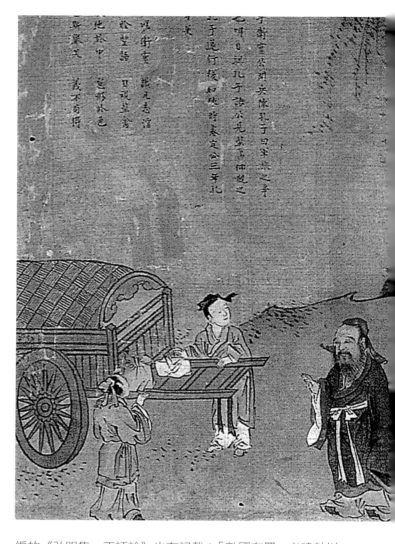

編的《弘明集·正誣論》也有記載：「敵國有釁，必鳴鼓以彰其過；總義兵以臨罪人，不以闇昧而行誅也。故服則柔而撫之，不苟淫刑極武；勝則以喪禮居之；殺則以悲哀泣之；若懷惡而討不義，假道以成其暴。」中國文化中的戰爭觀顯然也受到了佛教徒的讚許。

## 華夷者，辨在心

我以為中國兵學中關注生命、尊重生命的觀念，與中國文

化傳統中強調人文道德不無關係。我們先了解「中國」這個
概念的含義。「中國」一詞在商周時期就出現了，代表文化
意識的「文」、「野」之別。周朝後期（春秋戰國時代），
周朝封建諸侯國向外發展，異族亦被周封建，成為了諸侯大
國，形成共同的文化圈、經濟圈，作為中心的「中國」概念
已有擴大，但作為「中國」概念的內涵卻沒有變化。在《戰
國策‧趙策》裏有對「中國」的描述：「中國者，聰明睿智
之所居也，萬物財用之所聚也，賢聖之所教也，仁義之所施

（上圖）明代《孔子聖跡圖》。
畫中描繪孔子五十九歲時，
衛靈公問陣於孔子，孔子言：
「俎豆之事，則嘗聞之矣，軍
旅之事，未之學也。」衛靈公
待孔子為上賓，但言談間只關
心軍旅，不及其他。他詢問孔
子關於軍事制度，孔子託言只
懂禮制，未習軍事。這反映了
孔子反戰的態度。

**「城濮之戰」為古代著名戰役**

晉國及其盟友和楚國及其盟友陳、蔡軍隊交戰於公元前632年四月四日。自齊桓公死後，無人能治楚，楚國趁隙東侵北擴，日漸壯大。姬重耳即位後，晉國國力日漸提升，逐漸能與楚國抗衡，引發了中原霸權的爭奪，開啟了城濮之戰。在戰爭中晉國不只使用詐術，將楚國誘敵深入，順利剪掉楚軍兩翼，再各個擊破；還善用外交手段，爭取盟國的支持，才能順利的扭轉情勢。此戰之後，確立了晉文公中原霸主的地位，當中所使用的戰車比以往為多，戰陣的成功運用，無疑是將當時的軍事成績往前推進一大步。

（上圖）明刻本《墨子》。墨子在《非攻》中強調戰爭對於國家生產力的破壞，並反對戰爭。

（右圖）明 陳洪綬《宣文君授經圖》（局部）。

畫中描繪前秦苻堅請宣文君傳授禮樂的場景。前秦君王苻堅是歷史上有名的賢君。但他討伐東晉過度心切，竟不顧群臣及弟弟苻融的反對，執意出兵，最終被晉君大敗於淝水。

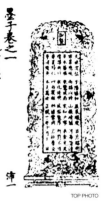

TOP PHOTO

也，詩書禮樂之所用也，異敏技能之所試也，遠方之所觀赴也，蠻夷之所義行也。」這裏對「中國」的解釋顯然不是地理概念，也不是種族概念，而是表達文化文明的概念。如果說是「華夷之辨」，其所辨也是文明程度的差異。因「華夏」一詞所指陳的是「有禮儀之大，故稱夏，有章服之美，謂之華」。爾後，在宋代石介徂徠先生的《中國論》中也有如此的說法：「夫天處乎上，地處乎下，居天地之中者曰中國。居天地之偏者曰四夷。四夷外也，中國內也……夫中國者，君臣所自立也，禮樂所自作也，衣冠所自出也，冠昏祭祀所自用也，縗麻喪泣所自制也，果蓏菜茹所自殖也……各人其人，各俗其俗，各教其教，各禮其禮，各衣服其衣服，各居廬其居廬。四夷處四夷，中國處中國。各不相亂，如斯而已矣」。「中國」與「四夷」的文化與文明的差異，並不意味「中國」有權利去教育他人。固然有「非我族類，其心必異」之說，但我們讀《孟子》所言：「夫華夷者，辨在心，辨心在察其趣向。有生於中州而行戾乎禮義，是形華而心夷也；生於夷域而行合乎禮義，是形夷而心華也。」便知「心」是指禮儀文化的差異，沒有種族歧視的意識。所以近代的康有為說：「中國能禮儀則中國之，中國不能禮儀則夷狄之；夷狄能禮儀則中國之。」我們可以說「中國」一詞是為文化與文明的意涵。譚嗣同更為「中國」賦予進取開放的

31

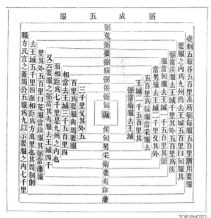

TOP PHOTO

（上圖）古籍中的《弼成五服圖》。「五服」概念出於《國語·周語》，是古代理想的疆域制度，以王畿為中心，作正方形或是圓形邊界，依次第畫分為「甸服」、「侯服」、「綏服」、「要服」、「荒服」。甸服為治田賦；侯服為王室環衛；綏服為前代王室封國；要服為受約束之蠻夷；荒服為邊陲之戎狄。也是華夷之辨的展現。

新意，他說：「《文王》之詩曰『周雖舊邦，其命維新』。舊者夷狄之謂也，新者中國之謂也。守舊則夷狄之，開新則中國之。」由此可知，中國兵學是在這樣的中國文化傳統中生成的，因此必然受到人文道德的沁潤。

## 「用間」的前提

這樣就必然聯繫到另一個中國文化中的「人」的概念。這不是《孫子兵法》本身的內容，但是我們需要了解這個概念。中國文化對「人」的概念的詮釋，已有很長的歷史了。在《易經》中有「天地人三才，人為貴」的說法。其意是說在天、地、人這三種材料當中，人是最有價值的。荀子說：「草木有生而無知，禽獸有知而無義，人有氣、有生、有知，亦且有義，故最為天下貴也。」這裏的「氣」是構成人的一個物質，而「義」則是指禮儀原則。荀子的意思是說草木有生命有氣構成而無知覺，禽獸有生命有氣有知而無禮儀原則。人呢？他說有生有氣有知且有義，故為天下貴。天下最有價值的就是人，人最寶貴的是人的生命，中國早期文化就是這樣討論的。但是在這個討論當中，在邏輯上會有一個問題，就是中國所認識的「人」是與天、地比較的「人」，是與草木、禽獸比較的「人」，這是一個類比。可以說我們兩千五百年前就知道人的價值，但是中國文化中的人，是建立在道德意義的類概念，而近代西方的人的概念，是建立在個人的理念上，也就是「天賦人權」理論的核心價值。所以我們今天談「以人為本」的理念，不僅要以「人」這個類為概念，關注集體與國家的利益，我們今天更需要尊重每一個人的生命。《孫子兵法》是在非常尊重人的文化背景下發生的，所以我們有必要將《孫子兵法》置於中國傳統文化中去理解、去詮釋。上面我們用《孫子兵法》與德國克勞塞維茲的《戰爭論》做了比

較，又考查了中國先秦諸子的戰爭觀，可以理解《孫子兵法》所以成為中國兵學的聖典，乃至世界軍事史上的經典的原因，就在於孫子在討論戰爭時，總是從人文道德的高度去思考，也就是我們前面談到「道在器中，器不離道」的思維原則。

《孫子兵法》不主張透過戰爭來解決問題，那就要用謀略來解決問題。曹操注《孫子兵法》說「兵無常行，以詭詐為

（上圖）安徽壽縣出土的楚國「錯金鄂君啟銅節」，這是楚王優許給鄂君（可能是楚王近親）免稅的憑證。中國於周代後，強調華夷之辨，楚地位於當時中原邊陲，早期亦被視為蠻族，直至楚莊王稱霸中原才有所改變。

杜牧　是唐代詩人，他不只是位文人還諳熟兵法。他曾經參考曹操注《孫子》一書，並結合歷代戰爭，重新注釋《孫子兵法》十三篇。其中重點在於探討「治亂興亡之跡，財富兵甲之事，地形之險易遠近，古人之長短得失」(《上李中丞書》)。在《樊川文集》中，還有一系列說明如何平藩、防禦、加強國防力量等文章，這些論述都是基於對歷史的深刻研究，及對兵法的深入把握，才能做出具體、有效、可行的實踐方法。

（上圖）四川出土的戰國嵌錯賞功宴樂銅壺上的水陸攻戰紋飾。從中可約略想像戰國時期兵戰的陣勢。中國陣法的發展期始於春秋戰國，當時的《六韜》、《孫子兵法》、《孫臏兵法》都是代表著作。

（下圖）杜牧像。

道」。這是說戰爭沒有固定的形式，但是它有一個規律，就是「詭詐」。這個詭詐就是謀略，是曹操注《孫子兵法》最核心的一段話。唐代詩人杜牧說「古之兵柄，本出儒術」，古代戰爭真正決定的因素，原本出自儒家思想。這就告訴了我們也可從這個角度讀《孫子兵法》。

我讀《孫子兵法》就是取杜牧的解法。「上兵伐謀」，孫子推崇不用戰爭的方法解決問題，而主張以謀略取勝。即使推崇謀略，也時時強調道德的作用。《孫子兵法》十三篇最後一篇是「用間篇」。這個「間」就是間諜，用間就是使用間諜。孫子描述了幾種間諜：怎麼樣把同鄉發展成間諜、怎麼樣把官員發展成間諜、怎麼樣把敵人的間諜發展成為我服務的間諜等等。情報戰是決定戰爭成敗的關鍵，轉換到商業

上的時候，也説了解商業情報是商戰中最重要的手段。這是毋庸置疑的，但是孫子談使用間諜是有前提的，就是「非聖賢不能用間，非仁義不能使間」。而現在我們很多人都忘記了這個前提，戰爭要用謀略解決，還是貫穿一個道德人文關懷的問題。

## 「中」不是二是三

我們讀《孫子兵法》的時候，會發現有一個非常關鍵的問題，就是孫子使用概念的方式，他使用概念全部是一對對的概念使用。比如説：敵我、攻守、勝敗、虛實、奇正、治亂、勇惰、強弱、勞逸、饑飽、全破、力智、利害、迂直、生死、遠近、高低、眾寡……這些都是對立的概念同時列舉出來的。我們透過《孫子兵法》的語言使用方式，可以去了解孫子思維的方法。這個思維的方法我用「一分為三」來概括，而不是「一分為二」，為什麼呢？這看似兩個對立的概念，比如孫子提到奇正，他説「奇正相生」，「奇」是變法、「正」是正法。意思就是在戰爭中攻堅戰，如果攻擊敵人的正面就叫「正法」，攻擊敵人的側面就是「變法」。而正、奇是相互轉換的，正面攻敵，因堅固防禦勢不可破而警惕性

（上圖）三門峽虢國墓出土的西周綴玉面罩。玉器在新石器時代的早期本作武器或是裝飾物使用，後來演變為禮器的一種。

35

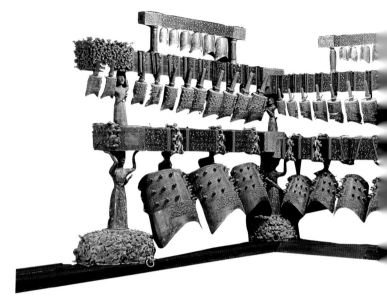

TOP PHOTO

減弱，因此攻擊敵人的正面反而是用「奇」了。孫子看到了正、奇相互轉化，而不是從正奇不變兩端去思考問題。

我們說一分為二的思維方式沒有錯，但很容易引向兩元對立的思考，也就是很容易產生一個「對」與「錯」的價值判斷。思考一下我們在意識形態話語主宰的年代裏就可以知道，我們的思維定式就是以「二元對立」的思考去判斷問題，不是「對」就是「錯」；「錯」的對立面就一定是「對」，所以我們堅信「敵人反對的，我們就要擁護；敵人擁護的，我們就要反對」。這樣的思維邏輯導致我們產生荒誕的看法：「寧可要社會主義的草，也不要資本主義的苗」。這種二元對立的思維，貽誤了中國社會的進步，令人扼腕！

我們要理解《孫子兵法》中的思維方法的話，先要了解「中庸」的概念。過去我們一談中庸就是折中，就是調和，其實不然。中庸是最高的德，孔子說「中庸」為「至德」，是說中庸是一個至德，同時也是一個思考方法。孔子在《論語》中說：「叩其兩端而竭焉」。這是一個思維方法的問題，「中」是代表了有德的概念，「庸」就是用，所以「中庸」就

（上圖）繡像小說《諸葛亮火燒新野》插畫。曹操領軍攻打新野城，諸葛亮為使百姓平安，以計將百姓移至樊城，而後火燒新野敗曹。遷出百姓而後戰，是古人重視生命的一種展現。

是用中。宋代的儒家解釋「中庸」是「不偏謂之中,不易謂之庸,不偏不易謂之中庸」。我是按孔子的說法去理解中庸的。中國的智慧和道德,這兩個概念是聯繫在一起的,也就是百姓常常說的「有大德必大智」。

「叩其兩端而竭焉」的兩端是什麼意思?就是現象與本質、形式與內容。兩端不是平面的事物的這一端和那一端。孟子說:「子莫執中,執中為近之,執中無權,猶執一也。」孟子的話是告誡我們對事物兩端要認真研究,在研究的過程當中,一定要「執中」,這個「執中」並不是50%和50%的中間的「中」,這個「中」就是「三」。也就是說從第三個角度看問題。「執中無權」的「權」是「變」的意思,亦即是說如果你沒有時空變化觀念,那你就「執一」了,就是落在一邊了。孟子說:「男女授受不親之為大禮」,男女是不能手交手的,這是古代很大的一個禮節。告子就給孟子設置一個條件,「嫂溺」即你嫂子掉在井裏了,那這樣的話怎麼辦呢?孟子說「援之以手」,我要用手來救啊。這就是「執中」。為什麼孟子不顧禮儀原則而「援之以手」呢?因為孟

（上圖）湖北曾侯乙墓出土大型的編鐘。「金石之聲」的「金」便是指「編鐘」。古時音樂有陶冶教化之用,因此儒家十分強調「樂」的重要性。

TOP PHOTO

（上圖）曹操書法「袞雪」二字。曹操是歷史上善用兵法的軍事將領，亦善詭詐之術，比如其於官渡之戰中，偽裝袁軍襲烏巢，便是典型的詐術運用。

子不是在救與不救的兩端思考，而是從「人有惻隱之心」的立場去考慮的，就是「三」，亦即「執中」。如見了嫂子落水了不救，堅持「男女授受不親」的禮儀原則，那不就是禽獸嗎？所以孟子的思考貫穿了對道德的要求，這就是說智慧源於道德。

再舉一個聖王舜的故事為例子。舜是大孝子，但是他「娶而不告」，娶了個老婆不告訴父母，這怎麼能說是大孝子呢？因為古代講究凡事必告父母，父母之意不可逆，這才是孝子，你怎麼能娶妻而不告父母呢？因為他「告而不娶」，如果他告訴父母了，父母不讓他娶。所以他大膽的「娶而不告」。為什麼他敢這樣？是因為還有從「不孝有三，無後為大」孝則的思考，這就是從第三個角度看問題，而不是在娶與不娶的角度去看問題。在孟子看來「不娶」沒有後代，豈不是更大的不孝！

### 「不同」才有所發展

《孫子兵法》的思維方法就是「一分為三」，是從第三個角度思考問題。這裏我們也舉幾個例子。孫子說：「戰道必勝，主曰無戰，必戰可也；戰道不勝，主曰必戰，無戰可也」。從戰爭的發展規律看取勝是必然的，但君主卻主張不戰，作為下屬應堅持戰；如果戰爭的規律看來沒有取勝的可能，而君主卻堅持戰，那麼作為下屬的應反對戰。這是講上下屬之間關係的概念，但孫子的思想是告訴我們「和而不同」才是符合事物的發展規律。孫子的思想涉及到了中國文化的核心概念，就是「和」的概念。這個「和」的觀念出現在春秋戰國時代，那時有一「和同之辨」的討論。孔子和墨子也有一個辯論。墨子主張要以「同」來統治社會，就是說把人們的思想意志都統一起來，如此一來社會就好管理了。這是墨子的思想，所以他主張「尚同」的治國策略。而儒家主張是「和為貴」，孔子特別主張的是「和」。

「和」最早發生在中國音樂史當中，我們中國古代音樂是七個音素，這七個音素根據一定的序列，或者是節律而構造和諧的音樂，叫做「音因序而和」。中國古代音樂強調的是變化氣質，陶冶情趣，移風易俗的觀念。因此「和」的觀念引伸到家庭關係裏，就是家庭和睦；推到世界就是和諧天下，協和萬邦。

TOP PHOTO

下，協和萬邦。「和」與「同」的討論在《戰國策》裏也有記載，這是一場類似話劇的演出，劇中出現了三個人物：一個是齊惠王，一個是惠王最親近的大臣叫據，第三個人就是齊國外相晏子。這三個人有一場對話，惠王對晏子說：我跟我的親密大臣據之間的關係，到底是「和」還是「同」的關係？晏子說，君說「是」大臣他就說「是」，君說「否」，臣就說「否」。所以你倆是「同」的關係。惠王問那麼什麼是「和」呢？晏子說所謂「和」應是君說「是」，臣說「否」；君說「否」，臣說「是」，這才是和。《戰國策》告訴我們作為下屬要敢於對君主說否，要敢於提意見，堅持己見。這與不久前出土的郭店竹簡中的一條簡的話有相同的意思，這就是《魯穆公問子思》：「恒稱其君之惡者，可謂忠臣矣。」這句話與前面孫子對戰道勝負的判斷的思想是一致的。在規律面前敢於堅持原則，不能以領導者的判斷為判斷標準，作為下屬應該依據戰爭規律來判斷，並敢於堅持自己的意見。《戰國策》對「和同之辨」總結道：「和則相生，同則不繼」。不同的東西放在一起才有生命，相同的東西放在一起是沒有發展的。無論人類社會抑或自然界，「和」是基

（上圖）元雜劇《龐涓夜走馬陵道》插畫。劇情描述魏國將軍龐涓攻打趙國，齊國派孫臏救趙。孫臏「圍魏救趙」解去趙國之危，又計引龐至馬陵道，殲滅魏軍。

本規律，也是價值核心。

## 支配敵人的思維方式

　　中國的思維方法在《孫子兵法》中有很多的表述。如在《形篇》中的「先勝而後戰」之說。孫子說：「古之所謂善戰者，勝於易勝者也。故善戰者之勝也，無智名，無勇功。故其戰勝不忒，不忒者，其措必勝，勝已敗者也。故善戰者，立於不敗之地，而不失敵之敗也。是故勝兵先勝，而後求戰；敗兵先戰，而後求勝。」孫子強調沒有取勝的把握，就不能發動作戰。不打無準備之戰，不以僥倖心理指揮作戰。戰爭勝負的決定權在我們自己，但敵人有無可乘之機被我戰勝，則不能由我而定。這就是「勝可知而不可為」。孫子討論攻守、勝負問題，不是簡單對立二分法，也不是單純指出二者轉化，而是從「自保而全勝」的高度去認識，所以孫子的思維為歷代兵家所重視。

　　如在《虛實篇》的「我專而敵分」思想。孫子認為使敵軍處於暴露狀態，而我軍處於隱蔽狀態，這樣我的兵力就可以集中，而敵軍兵力就不得不分散。如果敵我總兵力相當，我集中兵力於一處，而敵人分散為十處，這樣我就是以十對一。如果在局部戰場上，我眾敵寡的態勢下，敵軍不知道我軍所預定的戰場在哪裏，就會處處分兵防備，防備的地方越多，能夠與我軍在特定的地點直接交戰的敵軍就越少。所以防備前面，則後面兵力不足；防備後面，則前面兵力不足；防備左方，則右方兵力不足；防備右方，則左方兵力不足，所有的地方都防備，則所有的地方都兵力不足。兵力不足，全是因為分兵防禦敵人；兵力充足，是由於迫使敵人分兵防禦我。這就是孫子所說：「故形人而我無形，則我專而敵分。我專為一，敵分為十，是以十攻其一也。則我眾而敵寡，能以眾擊寡，則吾之所與戰者，約矣。吾所與戰之地不可知，不可知，則敵所備者多，則吾所與戰者寡矣。故備前則後

（上圖）秦國名將白起。秦趙兩國「長平會戰」中，白起以誘敵戰術使趙國臨時更換戰將，因而能大敗趙軍。

寡，備後則前寡，備左則右寡，備右則左寡，無所不備，則無所不寡。寡者，備人者也；眾者，使人備己者也。故知戰之地，知戰之日，則可千里而會戰；不知戰之地，不知戰日，則左不能救右，右不能救左，前不能救後，後不能救前，而況遠者數十里，近者數里乎？以吾度之，越人之兵雖多，亦奚益於勝哉！故曰：勝可為也。」孫子所討論的「虛與實」、「專與分」、「眾與寡」的問題時，不僅看到二者的轉變，更可貴的是指出了這種轉化的根本原因，則是主體的人的思維方式。

（上圖）岐山縣周公廟藥王洞壁畫，這是描繪唐代名醫孫思邈為婦人引線切脈的情景。古時禮教嚴謹，因此衍生懸絲診脈的方法。懸絲診脈起於何時今不可考，但一般傳說緣起於唐代孫思邈。

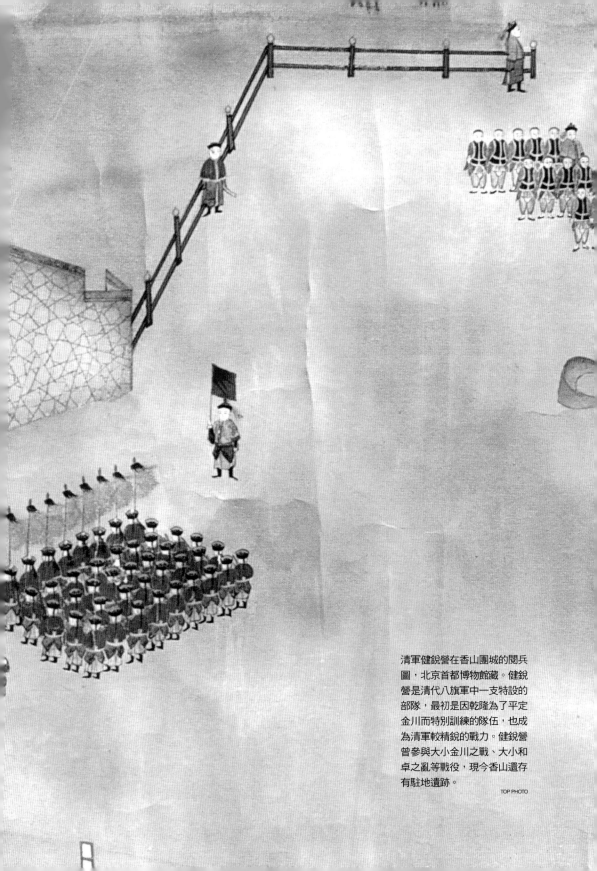

清軍健銳營在香山團城的閱兵圖，北京首都博物館藏。健銳營是清代八旗軍中一支特設的部隊，最初是因乾隆為了平定金川而特別訓練的隊伍，也成為清軍較精銳的戰力。健銳營曾參與大小金川之戰、大小和卓之亂等戰役，現今香山還存有駐地遺跡。

（上圖）《瑞世良英》中「李牧退匈奴」插畫。李牧為戰國時趙國名將，趙王用李牧對抗匈奴，李牧要求趙王不得干涉戰策，趙王應允，果然趙國大勝匈奴，十多年來匈奴無犯。

## 置之死地而後生

　　如在《地篇》中，孫子的「施無法之賞，懸無政之令」與「投之亡地然後存，陷之死地然後生」的思想。這裏的「無法」的對立面是「有法」，有法之賞既是按制度設計發放獎賞。「無政」的對立面是「有政」，有政之令既是按照等級制度轉達命令。「亡地」與「死地」都是布置部隊的大忌之地。但是按照「執中有權」的權變思維，也即「時中」觀念，任何事物都存在於時間與空間中，時間、空間改變了，事物的性質也隨之變化。比如：「凡為客之道，深入則專。主人不克，掠於饒野，三軍足食。謹養而無勞，併氣積力，運兵計謀，為不可測。投之無所往，死且不北。死焉不得，士人盡力。兵士甚陷則不懼，無所往則固，深入則拘，不得已則鬥。是故，其兵不修而戒，不求而得，不約而親，不令而信，禁祥去疑，至死無所之。吾士無餘財，非惡貨也；無餘命，非惡壽也。令發之日，士卒坐者涕霑襟，偃臥者涕交頤，投之無所往，則諸劌之勇也。」這是孫子告訴我們當軍隊越深入敵國腹地，軍心就越團結，因此敵人就不易戰勝我們。在敵人豐饒地區掠取糧草，三軍給養就有了保障。同時要注意休整部隊，不要過於疲勞，保持士氣，養精蓄銳。巧設計謀布置，讓敵人無法判斷。將部隊置於無路可走的絕境，士卒就會寧死不退。士卒既能寧死不退，那麼他們怎麼會不殊死作戰呢！當士卒深陷危險的境地，他們就不再有恐懼了，一旦無路可走，軍心就會更加牢固。深入敵境軍隊就不會離散。遇到迫不得已的情況，軍隊就會殊死奮戰。因此，不須整飭就能注意戒備，不用強求就能完成任務，無須約束就能親密團結，不待申令就會遵守紀律。禁止占卜迷信，消除士卒的疑慮，他們至死也不會逃避。我軍士卒沒有多餘的錢財，並不是不愛錢財；士卒置生死於度外，也不是不想長壽。當作戰命令頒布時，坐著的士卒淚沾衣襟，躺著的士卒淚流滿面，但把士卒置於無路可走的絕境，他們就都

會像專諸、曹劌一樣的勇敢。孫子的這一思想非常重要，他
告訴我們凡事物的存在，都是存在於特定的時間空間中，沒
有脫離時空而有一成不變的規律。

　　《行軍篇》説：「卒未親附而罰之，則不服，不服則難用。
卒已親附而罰不行，則不可用。故令之以文，齊之以武，是
謂必取」。這裏孫子説的是治軍方法。如果士卒還沒有從情
感上親近依附時，就執行懲罰，那麼他們會不服，不服就很

（上圖）明代繪畫，商湯勸説
補鳥人將鳥放生的情景。「民
貴君輕」的思想最早由孟子提
出。孟子曾言商湯伐夏桀、武
王伐紂，都是誅不義之人，而
非是臣弒君。此點充分展現其
民貴君輕的思想。

難使用。士卒已經親近依附，如果違法而不執行軍紀軍法處罰，這樣的軍隊也不能用來作戰。所以，要用懷柔寬仁使他們思想統一，用軍紀軍法使他們行動一致，這樣就必能取得部下的敬畏和擁戴。孫子所論述的治軍原則是既不能簡單以情感治軍，也不能簡單以制度管理，這一思維方法即在上文寫到的「執中」而不落兩邊的方法。

就《孫子兵法》的讀法，可以做一個簡單的概括。第一、道與器的關係問題。道在器中，器不離道。我們從《孫子兵法》裏那些具體的謀略之術當中，讀出了「道」，道可以駕馭術。如果沒有道駕馭術的話，那些謀略詭詐之術的破壞作用將是巨大的。時下的人讀《孫子兵法》更多的是關注謀略之術，這是本末倒置，是最大的誤讀。《易經》中說「厚德載物」的思想值得我們深思，一個沒有自我道德的約束，沒有民族、國家、社會責任的企業家、政治家，他必然走向歧途，這是在當今的轉型社會裏屢見不鮮的事了。第二、以西方哲學所推崇的二分方法，看事物觀念不同，中國文化傳統中，始終貫徹的思維方法是「一分為三」。我以為中國文化傳統的思維方法，與道德修養又是緊密關聯的，如「內聖外王」、「聖智」等，應該都是與「中庸」崇尚德與智並行的觀念一致的，這也是所謂的「大德必有大智」。《孫子兵法》中的思維方法，與孫子的人文道德關懷是分不開的。

關於《孫子兵法》的書很多，我特別推薦郭化若先生的《孫子譯注》和北京大學中文系李零先生的《兵以詐立——我讀〈孫子〉》。我建議還是先讀原著，然後再讀那些注釋的書，就會有自己的體會。我覺得在社會轉型時代，還是要回到經典時代、還要讀經典原典。在經典當中，每個人有了自己的閱讀，帶著自己的經歷去讀，都會在經典當中找到啟發自己的資料。在這個浮躁的時代，我想我們應該要回到經典的時代了。

TOP PHOTO

（上圖）商周時期的「獸面紋鼓」，此為敲擊發令的兵器。鼓於戰場上，不只用於指揮行動，也有激勵士氣的作用。

# 孫子說

## 蔡志忠

漫畫大師。1963年起開始畫連環漫畫，1986年《莊子說》出版，蟬聯暢銷排行榜榜首達十個月。

1987年出版《老子說》等經典漫畫，譯本至今已達二十餘種語言。

1998年開始閉關鑽研物理和數學，研究出從沒被物理學家發現的時間方程式，

著有《東方宇宙三部曲》系列作品。

道、將、法、天、地

所以要從五方面來比較、核算，探求其事實。

第一是治道、

第二是天時、

第三是地理、

第四是將領、

第五是紀律。

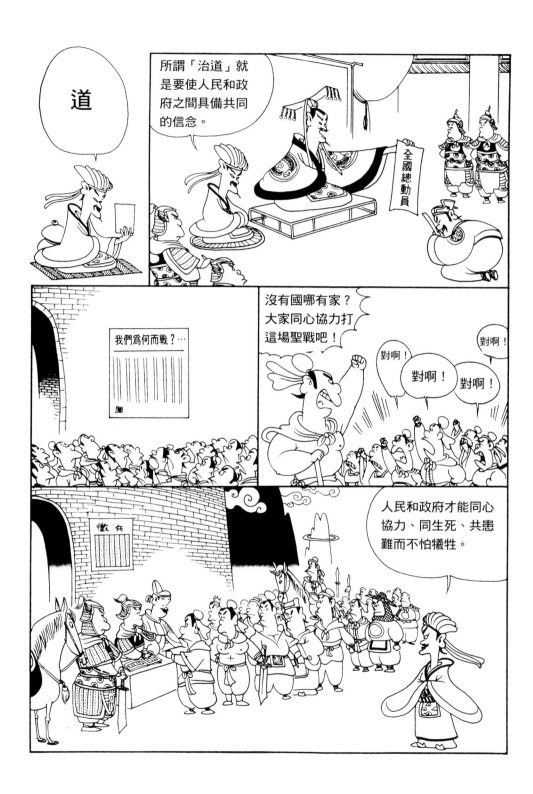

法

法，就是指軍隊的
編制、紀律賞罰、
軍需補給等等。

法

這五方面的事情，
作為軍官的都不
能不深入了解；

能正確了解
的，便能打
勝仗，

不能正確了解
的，便不能打
勝仗。

用兵之法

孫子說：

戰爭的法則，以保全國家完整為上策，國家受損失，雖然戰勝也是差了些；

保持全軍完整為上策，受到損傷就差了些；
保持全旅完整為上策，受到損傷就差了些；
保持全卒完整為上策，受到損傷就差了些；
保持全伍完整為上策，受到損傷就差了些。

因此，
百戰百勝還稱不上高明中的高明，

能夠不必打仗，而能使敵人降服，
才是高明中的最高明。

殺！

嘻⋯⋯
不戰而勝！

將帥覺得太慢，不能克制其
焦躁忿怒，下令攻擊，士兵
像螞蟻一樣，爬到城牆上攻
牆，死傷三分之一……

而城池仍攻不下來，
那真是攻擊作戰中，
最悲慘的災禍。

所以善於用兵的統帥，不
經戰鬥即能屈服敵人；

不經攻堅即能
取得敵人城池；

不需長久時間
即能摧毀敵國；

61

善用兵作戰的將帥，
只會在戰爭態勢上尋求
勝利，不會苛責部屬。

因而他能選擇適當
人才，造成戰爭有
利的形勢。

善任勢的將帥，他與
敵作戰，好像轉動圓
木與石頭一樣，圓木
石頭的特性是放在平
坦的地方就靜止；

放在陡斜的地方就滾動！

所以高明的將帥造就之勢，
如同把圓木石頭從千丈高山
滾下來一樣，

其勢凶猛不可擋，這就是軍
事上所謂的「勢」。

# 原典選讀

孫武 原著

中國人民解放軍軍事科學院戰爭理論研究部《孫子》注釋小組譯注，北京中華書局授權使用

# 計篇

孫子曰：兵①者，國之大事，死生之地，存亡之道，不可不察②也。

【大意】
戰爭是國家的大事，它關係到生死存亡，是不可不認真考察研究的。

故經之以五事①，校之以計而索其情②：一曰道，二曰天，三曰地，四曰將，五曰法。道者，令民與上同意③也，故可以與之死，可以與之生，而不畏危④。天者，陰陽、寒暑、時制⑤也。地者，遠近、險易、廣狹、死生⑥也；將者，智、信、仁、勇、嚴⑦也。法者，曲制、官道、主用⑧也。凡此五者，將莫不聞⑨，知⑩之者勝，不知者不勝。故校之以計而索其情，曰：主孰⑪有道？將孰有能？天地孰得？法令孰行？兵眾孰強？士卒孰練？賞罰孰明？吾以此知勝負矣。

【注釋】
①經之以五事：指從道、天、地、將、法五個方面分析研究戰爭勝負的可能性。經，量度，這裏是分析研究的意思。
②校之以計而索其情：比較敵對雙方的各種條件，從中探求戰

爭勝負的情形。校，通「較」，比較；計，這裏指「主孰有道」等「七計」。

③令民與上同意：使民眾與國君意願相一致。《荀子‧議兵》：「故兵要在乎善附民而已。」也認為戰爭的勝利，關鍵在於取得民眾的支持。

④不畏危：不害怕危險。銀雀山漢墓竹簡《孫子兵法》（以下簡稱漢簡《孫子兵法》）此句為：「民弗詭也。」

⑤陰陽、寒暑、時制：陰陽，指晝夜、晴雨等天時氣象的變化。寒暑，指寒冷、炎熱等氣溫的不同。時制，指四季時令的更替等。

⑥遠近、險易、廣狹、死生：這裏指路程的遠近、地勢的險阻或平坦、作戰地域的寬廣或狹窄、地形是否利於攻守進退。漢簡《孫子兵法》中，此句為：「地者，高下、廣狹、遠近、險易、死生也。」多「高下」二字。

⑦智、信、仁、勇、嚴：這裏指將帥的智謀才能、賞罰有信、愛撫士卒、勇敢果斷、軍紀嚴明等條件。

⑧曲制、官道、主用：曲制，指軍隊組織編制等方面的制度。官道，指各級將吏的職責區分、統轄管理等制度。主用，指軍需物資、軍用器械、軍事費用的供應管理制度。主，掌管；用，物資費用。

⑨聞：知道、了解。

⑩知：知曉，這裏含有深刻了解、確實掌握的意思。

⑪孰：誰，這裏指哪一方。


【大意】

所以，要從以下五個方面分析研究，比較敵對雙方的各種條件，以探求戰爭勝負的情形：一是道，二是天，三是地，四是將，五是法。所謂「道」，是使民眾與國君的意願相一致，這樣，民眾在戰爭中就可為國君出生入死而不怕危險。所謂「天」，是指晝夜、晴雨、寒冷、炎熱、四季更替。所謂「地」，是指路程的遠近，地勢的險阻或平坦，作戰地域的寬廣或狹窄，地形是否利於攻守進退。所謂「將」，是指將帥的智謀才能，賞罰有信，愛撫士卒，勇敢果斷，軍紀嚴明。所謂「法」，是指軍隊組織編制、將吏的統轄管理和職責區

分、軍用物資的供應和管理等制度規定。以上五個方面，將帥們沒有不知道的；然而，只有深刻了解、確實掌握的才能打勝仗，否則，就不能取勝。因此要從以下七個方面來分析比較，以探求戰爭勝負的情形，就是說：哪一方的國君比較賢明？哪一方的將帥比較有才能？哪一方占據比較有利的天時地利條件？哪一方的法令能切實貫徹執行？哪一方的軍隊實力強盛？哪一方的士卒訓練有素？哪一方賞罰嚴明？我們根據以上分析對比，就可以判明誰勝誰負了。

## 將聽吾計①，用之必勝，留之；將不聽吾計，用之必敗，去之。

### 【注釋】

①將聽吾計：一說，「將」作為「聽」的助動詞解，這樣意為：如果能聽從我的計謀。另一說：「將」指一般的將領，這樣意為：將領們能聽從我的計謀。

### 【大意】

如果能夠聽從我的計謀，指揮作戰一定勝利，我就留下；如果不能聽從我的計謀，指揮作戰一定失敗，我就離去。

## 計利以聽①，乃為之勢，以佐②其外。勢者，因利而制權③也。

### 【注釋】

①計利以聽：指有利的計策已被採納。計，計策，這裏指戰爭決策；以，通「已」；聽，聽從、採納。
②佐：輔助。
③因利而制權：即根據是否有利而採取相應的行動，也就是說，怎麼對我有利就怎麼行動。制權，即根據情況，採取相應的行動。

【大意】

有利的計策已被採納，還要設法造「勢」，以輔助作戰的進行。所謂「勢」，就是根據情況是否有利而採取相應的行動。

兵者，詭道也①。故能而示之不能②，用而示之不用③，近而示之遠④，遠而示之近；利而誘之，亂而取之⑤，實而備之，強而避之⑥，怒而撓之⑦，卑而驕之⑧，佚而勞之⑨，親而離之。攻其無備，出其不意。此兵家之勝⑩，不可先傳⑪也。

【注釋】

①兵者，詭道也：用兵打仗是一種詭詐行為。詭，詭詐、奇詭。曹操注：「兵無常形，以詭詐為道。」

②能而示之不能：意即本來能攻，故意裝作不能攻；本來能守，故意裝作不能守，等等。示，示形，這裏是偽裝的意思。

③用而示之不用：本來要打，故意裝作不打；本來要用某人，故意裝作不用他，等等。例如，公元219年，吳將呂蒙想乘蜀將關羽北攻樊城之機，奪取荊州。由於關羽對呂蒙有所戒備，仍留有重兵把守江陵、公安等地。呂蒙為了麻痺關羽，假稱病重，孫權公開把他召回建業（今南京），並以「未有遠名，非羽所忌」的陸遜來代替，以掩飾其奪取荊州的意圖。後關羽果然放鬆了對荊州的防守，從江陵、公安調兵進攻樊城，呂蒙便乘機沿江而上，指揮吳軍奪取了公安、江陵等地，很快攻取了荊州。

④近而示之遠：本來要從近處進攻，故意裝作要從遠處進攻；本來馬上進攻，故意裝作不馬上進攻，等等。例如，公元前478年，越王句踐率軍大舉攻吳，吳王夫差率軍迎擊，雙方於笠澤（今江蘇蘇州東南吳淞江）夾水對陣。越軍決定從當

面渡江攻擊，但為了隱藏企圖，故意派出小股部隊從距敵較遠的左右兩側利用夜暗鳴鼓佯渡。夫差受騙，分兵迎戰。越軍主力便乘機渡江，出其不意地實施正面突擊，大敗吳軍。

⑤亂而取之：對處於混亂狀態的敵人，要乘機攻取它。例如，公元383年，東晉軍於洛澗（今安徽懷遠南）大敗前秦軍，迫使秦軍沿淝水西岸布陣，晉將謝玄利用秦主苻堅驕傲的心理，聲稱願意渡河與秦軍決一勝負，要求秦軍先後退一步。苻堅也想利用這個機會誘使晉軍渡河，乘其半渡而擊之，於是命令部隊稍向後退，但一退不可遏止，造成陣勢混亂，晉軍乘機搶渡淝水，大敗秦軍。

⑥強而避之：對於強大的敵人，要暫時避開它。例如，公元前154年，漢景帝為平定七王之亂，派周亞夫率軍東攻吳、楚。周亞夫見吳楚聯軍兵勢強盛，難與爭鋒，採取了「以梁委之，絕其糧道」的謀略。於是進據昌邑（今山東金鄉西北），避而不戰，聽任吳楚聯軍進攻梁軍，以便利用梁地（今河南東部）拖住敵方。後進至下邑（今安徽碭山東），仍深溝高壘，堅壁固守。等到吳楚聯軍饑疲不堪而不得不撤退時，周亞夫才率軍乘勢追擊，大破吳楚聯軍。

⑦怒而撓之：撓，挑逗。這句是指對於易怒的敵將，要用挑逗的辦法激怒他，使其失卻理智，輕舉妄動。例如，公元前203年，漢軍乘項羽東攻彭越之機，圍攻成皋（今河南滎陽西北）。楚將曹咎起先按照項羽「謹守成皋，若漢挑戰，慎勿與戰」的告誡，堅守不出。後來由於漢軍連續挑戰和辱罵，曹咎一怒之下，便率部出擊。漢軍趁楚軍半渡氾水時發起進攻，取得很大勝利。

⑧卑而驕之：對於卑視我方的敵人，要設法使其更加驕傲，然後尋機擊破。另一說：對敵人要示以卑弱，使其驕傲，放鬆戒備，從而利於攻擊。

⑨佚而勞之：佚，通「逸」。意即對於休整得充分的敵人，要設法使其疲勞。例如，公元前512年，吳王闔閭準備大舉攻楚，孫武認為時機尚未成熟，加以勸阻。吳王於是根據伍子胥的建議，把吳軍分為三軍，輪番襲擾楚軍，連續六年忽南忽北地騷擾楚國邊境，使楚軍疲於奔命，為公元前506年的破楚入郢（今湖北江陵北）創造了條件。

⑩勝：佳妙、奧妙。

⑪不可先傳：指不可事先具體規定，意指必須在戰爭中根據情
　　況靈活運用。

【大意】

用兵打仗是一種詭詐的行為。所以，能攻而裝作不能攻，要
打而裝作不要打，要在近處行動而裝作要在遠處行動，要在
遠處行動而裝作要在近處行動；對於貪利的敵人，要用小利
引誘它，對於處於混亂狀態的敵人，要乘機攻取它，對於力
量充實的敵人，要加倍防備它，對於強大的敵人，要暫時避
開它，對於易怒的敵人，要用挑逗的辦法去激怒它，對於卑
視我方的敵人，要使其更加驕傲，對於休整得充分的敵人，
要設法疲勞它，對於內部和睦的敵人，要設法離間它。要在
敵人無準備的狀態下實施攻擊，要在敵人意想不到的情況下
採取行動。這些都是軍事家取勝的奧妙所在，是不可事先加
以具體規定的。

夫未戰而廟算①勝者，得算多②也，未戰而
廟算不勝者，得算少也。多算勝，少算不
勝，而況於無算乎！吾以此觀之，勝負見
矣。

【注釋】

①廟算：古時候興師作戰，要在廟堂舉行會議，謀畫作戰大
　　計，預計戰爭勝負，這就叫「廟算」。

②得算多：指計算周密，勝利條件多。算，計數用的籌碼，這
　　裏引伸為勝利條件。《孫臏兵法・客主人分》：「眾者勝乎？
　　則投算而戰耳。」這裏的「算」也是指計數的籌碼。

在開戰之前,「廟算」能夠勝過敵人的,是因為計算周密,勝利條件多;開戰之前,「廟算」不能勝過敵人的,是因為計算不周,勝利條件少。計算周密,勝利條件多,可能勝敵,計算不周,勝利條件少,不能勝敵,而何況根本不計算、沒有勝利條件呢!我們從這些方面來考察,誰勝誰負就可看出來了。

# 謀攻篇

孫子曰:凡用兵之法,全國為上,破國次之①;全軍為上,破軍次之;全旅為上,破旅次之;全卒為上,破卒次之;全伍為上,破伍次之②。是故百戰百勝,非善之善者也③;不戰而屈人之兵,善之善者也。

【注釋】

①全國為上,破國次之:完整地使敵國屈服是上策,經過交戰擊破敵國就次一等。曹操注:「興師深入長驅,距其城廓,絕其內外,敵舉國來服為上;以兵擊破,敗而得之,其次也。」

②軍、旅、卒、伍:古代軍隊的編制單位。舊說一萬二千五百人為軍,五百人為旅,百人為卒,五人為伍。春秋以後,各諸侯國發展情況不同,軍隊編制不完全一樣。

③善之善者:好中最好的。

【大意】

大凡用兵的法則,使敵國完整地屈服是上策,起兵去擊破那個國家就次一等;使敵人全軍完整地屈服是上策,用武力擊破它就次一等;使敵人全旅完整地屈服是上策,擊破它就次一等;使敵人全卒完整地屈服是上策,擊破它就次一等;使敵人全伍完整地屈服是上策,擊破它就次一等。因此,百戰

百勝，不算是好中最好的，不戰而使敵人屈服，才算是好中最好的。

故上兵伐謀①，其次伐交②，其次伐兵③，其下攻城。攻城之法為不得已。修櫓轒轀④，具器械⑤，三月而後成，距闉⑥，又三月而後已。將不勝其忿而蟻附之⑦，殺士三分之一而城不拔者，此攻之災也。

【注釋】

①上兵伐謀：最好的用兵方法是以謀伐敵，即以計謀使敵屈服。伐，討伐、攻打。

②伐交：交，這裏指外交。伐交，指通過外交途徑，分化瓦解敵人的盟國，擴大、鞏固自己的盟國，迫使敵人陷於孤立，最後不得不屈服。如戰國時秦國採取「遠交近攻」的謀略，滅了六國，就是以外交手段配合軍事進攻而取得成功的。

③伐兵：以武力戰勝敵人。

④轒轀：古代攻城用的四輪車，用排木製作，外蒙牛皮，可容納十人（一說數十人），用以運土填塞城壕。

⑤具器械：準備攻城用的器械。具，準備。

⑥距闉：用以攻城而堆積的土山。闉，通「堙」，土山。

⑦蟻附之：指士兵像螞蟻一般爬梯攻城。

【大意】

所以用兵的上策是以謀略勝敵，其次是通過外交手段取勝，再次是使用武力戰勝敵人，最下策是攻城。攻城是不得已而採取的辦法。修造大盾和四輪車，準備器械，三個月才能完成；構築攻城用的土山，又要花費三個月才能完工。將帥非常焦躁憤怒，驅使士卒像螞蟻一般爬梯攻城。士卒傷亡了三分之一，而城還是攻不下來，這就是攻城的災害。

故善用兵者，屈人之兵而非戰①也，拔人之城而非攻也②，毀人之國而非久③也，必以全爭於天下，故兵不頓④而利可全，此謀攻之法也。

【注釋】

①非戰：指運用「伐謀」、「伐交」等辦法迫使敵人屈服，而不用交戰的辦法。

②拔人之城而非攻也：指奪取敵人的城邑不靠硬攻的辦法。

③非久：指不要曠日持久。

④頓：通「鈍」，這裏指疲憊、受挫的意思。

【大意】

所以，善於用兵打仗的人，使敵軍屈服而不用交戰，奪取敵人的城邑而不靠硬攻，滅亡敵人的國家而不需久戰，務求以全勝的謀略爭勝於天下。這樣，軍隊就不至於疲憊受挫，而勝利可以完滿地獲得，這就是謀攻的法則。

故用兵之法，十則圍之①，五則攻之②，倍則分之③，敵則能戰之④，少則能逃之⑤，不若則能避之⑥。故小敵之堅，大敵之擒⑦也。

【注釋】

①十則圍之：有十倍於敵人的絕對優勢的兵力，就要四面包圍，迫敵屈服。

②五則攻之：有五倍於敵的優勢兵力，就要進攻它。

③倍則分之：有一倍於敵的兵力，就設法分散敵人，以便在局部上造成更大的兵力優勢。

④敵則能戰之：同敵人兵力相等，就要善於設法戰勝敵人，如設伏誘敵等等。敵，這裏指勢均力敵。

⑤少則能逃之：兵力比敵人少，就要能擺脫敵人。逃，脫離、
　擺脫。此句有的版本作「少則能守之」。
⑥不若則能避之：各種條件均不如敵人時，就要設法避免與敵
　交戰。
⑦小敵之堅，大敵之擒：力量弱小的軍隊，如只知堅守硬拚，
　就會成為強大敵人的俘虜。

【大意】
所以用兵的方法，有十倍於敵的絕對優勢的兵力，就要四面
包圍，迫敵屈服；有五倍於敵的優勢兵力，就要進攻敵人；
有一倍於敵人的兵力，就要設法分散敵人；同敵人兵力相等，
就要善於設法戰勝敵人；比敵人兵力少，就要善於擺脫敵人；
各方面條件均不如敵人，就要設法避免與敵交戰。弱小的軍
隊如果只知堅守硬拚，就會成為強大敵人的俘虜。


夫將者，國之輔①也，輔周則國必強，輔隙②
則國必弱。


【注釋】
①輔：輔助，這裏引伸為助手。
②隙：漏洞、缺陷。

【大意】
將帥是國君的助手，輔助得周密，國家就會強盛，輔助得有
缺陷，國家就要衰弱。

故君之所以患於軍者三①：不知軍之不可以
進而謂②之進，不知軍之不可以退而謂之
退，是為縻軍③。不知三軍④之事而同⑤三軍
之政⑥者，則軍士惑矣。不知三軍之權⑦而
同三軍之任⑧，則軍士疑矣。三軍既惑且

疑，則諸侯之難至矣，是謂亂軍引勝⑨。

【注釋】
①君之所以患於軍者三：此句有的版本作「軍之所以患於君者
　　三」。患，危害、貽害。
②謂：告訴。這裏是命令的意思。
③縻軍：束縛軍隊，使軍隊不能根據情況相機而動。縻，羈
　　縻、束縛。
④三軍：軍隊的通稱。周代，大的諸侯國設三軍，有的為左、
　　中、右三軍，有的為上、中、下三軍。
⑤同：共同，這裏是參與、干涉的意思。
⑥政：這裏指軍隊的行政。
⑦權：權變、權謀。
⑧任：指揮。
⑨亂軍引勝：擾亂自己的軍隊，而導致敵人的勝利。引，引
　　導、導致。

【大意】
國君可能貽害軍隊的有三種情況：不了解軍隊不可以前進而
命令軍隊前進，不了解軍隊不可以後退而命令軍隊後退，這
叫做束縛軍隊；不知道軍隊內部的事務，而干涉軍隊的行政，
軍士就會迷惑不解；不知道用兵的權謀，而干涉軍隊的指揮，
將士就會產生疑慮。軍隊既迷惑又疑慮，各諸侯國乘隙進攻
的災難就臨頭了，這就是所謂擾亂自己的軍隊而導致敵人的
勝利。

故知勝有五：知可以戰與不可以戰者勝；識
眾寡之用①者勝；上下同欲②者勝；以虞③待不
虞者勝；將能而君不御④者勝。此五者，知勝
之道也。

①識眾寡之用：善於根據敵對雙方兵力對比的眾寡情況，正確　採用不同戰法。

②同欲：同心、齊心的意思。

③虞：備，這裏指有準備的意思。

④御：駕御，這裏指牽制、干預的意思。

【大意】

所以，從以下五種情況便可預知勝利：知道什麼情況下可以打，什麼情況下不可以打的，會勝利；懂得根據兵力多少而採取不同戰法的，會勝利；上下齊心協力的，會勝利；以預有準備對待沒有準備的，會勝利；將帥指揮能力強而國君不加牽制的，會勝利。這五條，是預知勝利的途徑。

故曰：知彼知己者，百戰不殆①；不知彼而知己，一勝一負；不知彼，不知己，每戰必殆。

【注釋】

①知彼知己者，百戰不殆：《十家注》、《武經》各本均無「者」字。殆，危險、失敗。

【大意】

所以說，了解敵人又了解自己，百戰都不會失敗；不了解敵人而了解自己，勝敗的可能各半；既不了解敵人，又不了解自己，那就每戰必敗。

孫子曰：凡治眾①如治寡，分數②是也；鬥眾③如鬥寡，形名④是也；三軍之眾，可使必受敵⑤而無敗者，奇正⑥是也；兵之所加，如以碬⑦投卵者，虛實⑧是也。

## 勢篇

【注釋】

①治眾：治理人數眾多的軍隊。治，治理。

②分數：指軍隊的組織編制。李贄注：「分，謂偏裨卒伍之分；數，謂十百千萬之數各有統制，而大將總其綱領。」（《孫子參同》卷三）也是指軍隊組織編制方面的問題。

③鬥眾：指揮人數眾多的軍隊作戰。

④形名：指古時軍隊使用的旌旗、金鼓等指揮工具，這裏引伸為指揮。曹操注：「旌旗曰形，金鼓曰名。」

⑤必受敵：一旦遭受敵人進攻。必，即使、一旦。

⑥奇正：指古代軍隊作戰的變法和常法，其含義甚廣，如：先出為正、後出為奇，正面為正、側翼為奇，明戰為正、暗攻為奇，等等。

⑦鍛：磨刀石，這裏泛指石塊。

⑧虛實：指強弱、勞逸、眾寡、真偽等，這裏是以實擊虛的意思。

【大意】

要做到治理人數多的軍隊像治理人數少的軍隊一樣，這是組織編制的問題；要做到指揮人數多的軍隊作戰像指揮人數少的軍隊一樣，這是通信、指揮的問題；全國軍隊之多，要使其一旦遭受敵人進攻而不致失敗的，這是「奇正」運用的問題；軍隊進攻敵人，要能像以石擊卵那樣，所向無敵，這是「虛實」的問題。

凡戰者，以正合，以奇勝①。故善出奇者，無窮如天地，不竭如江河。終而復始，日月是也。死而復生，四時是也。聲不過五，五聲②之變，不可勝③聽也；色不過五，五色④之變，不可勝觀也；味不過五，五味⑤之變，不可勝嘗也；戰勢，不過奇正，奇正之變，不可勝窮也。奇正相生，如循環

之無端⑥，孰能窮之？

【注釋】

①以正合，以奇勝：合，會合、交戰。此句意為，以正兵合戰，以奇兵制勝。例如，公元前718年，鄭國進攻衛國，燕國出兵救援，與鄭國的軍隊戰於北制（今河南滎陽縣境）。鄭以三軍部署在燕軍的正面，另以一部偷襲其側後。燕軍只注意防備正面，背後遭到了鄭軍的突然襲擊，結果大敗。

②五聲：中國古代用宮、商、角、徵、羽五個音階區分聲音的高低，加上變徵、變宮，與現在簡譜中所用的七音階大體相同。

③勝：盡的意思。

④五色：中國古代以青、赤、黃、白、黑五種顏色為正色，其他為間色（即由兩種或兩種以上正色混合而成的顏色）。

⑤五味：指甜、酸、苦、辣、鹹五種味道。

⑥循環之無端：順著圓環旋轉，沒有盡頭，比喻事物的變化無窮。循，順著的意思。

【大意】

大凡作戰，一般都是以正兵當敵，以奇兵取勝。所以，善於出奇制勝的將帥，其戰法如天地那樣變化無窮，像江河那樣奔流不竭。終而復始，就像日月運行一樣；死而復生，就像四季更替一般。聲音不過五種，然而五種聲音的變化，卻會產生出聽不勝聽的聲調來。顏色不過五種，然而五種顏色的變化，卻會產生出看不勝看的色彩來。味道不過五種，然而五種味道的變化，卻會產生出嘗不勝嘗的味道來。戰勢，不過奇正兩種，然而奇正的變化，卻是不可窮盡的。奇正的變化，就像順著圓環旋轉那樣，無頭無尾，誰能窮盡它呢？

激水之疾①，至於漂石者，勢也；鷙鳥②之疾，至於毀折者，節③也。是故善戰者，其

勢險，其節短。勢如彍弩④，節如發機⑤。

【注釋】
①激水之疾：湍急的流水以飛快的速度奔瀉。疾，急速。
②鷙鳥：凶猛的鳥，如鷹、雕之類。
③節：節奏。
④彍弩：指拉滿的弓弩。彍，把弓拉滿的意思；弩，用機括發
　箭的弓。
⑤發機：觸發弩機。機，弩機，古代兵器「弩」的機件，類似
　槍上的扳機。

【大意】
湍急的流水以飛快的速度奔瀉，以致能把石塊漂移，這是由
於水勢強大的緣故；凶猛的飛鳥，以飛快的速度搏擊，以致
能捕殺鳥獸，這是由於節奏恰當的關係。所以，高明的將
帥指揮作戰，他所造成的態勢是險峻的（居高臨下、銳不可
當），他所掌握的行動節奏是短促而猛烈的。這種態勢，就像
張滿的弓弩；這種節奏，猶如觸發弩機。


紛紛紜紜①，鬥亂②而不可亂也；渾渾沌
沌③，形圓④而不可敗也。亂生於治，怯生
於勇，弱生於強⑤。治亂，數也；勇怯，勢
也；強弱，形也。故善動敵者，形之，敵
必從之⑥；予之，敵必取之。以利動之，以
卒待之⑦。


【注釋】
①紛紛紜紜：旌旗混亂的樣子。紛紛，紊亂；紜紜，多而且亂。
②鬥亂：指在混亂狀態中作戰。
③渾渾沌沌：指混亂不清。

④形圓：指陣勢部署得四面八方都能應付自如。

⑤亂生於治，怯生於勇，弱生於強：一說，在一定條件下，「亂」可以由「治」產生，「怯」可以由「勇」產生，「弱」可以由「強」產生。另一說，軍隊要裝作「亂」，本身必須「治」，要裝作「怯」，本身必須「勇」，要裝作「弱」，本身必須「強」。

⑥形之，敵必從之：形，示形，即以假象欺騙敵人。此句意為：以假象迷惑敵人，敵人必定上當。例如，公元前341年，魏國攻韓國，齊國起兵救韓，派田忌為將，孫臏為軍師，率十萬大軍直赴大梁（今河南開封，魏國京城）。魏國得知後，即派太子申率兵十萬尾追齊軍。齊軍根據孫臏的建議，採用示弱誘敵的方針，避免與魏軍交戰，並製造假象：第一天挖了十萬人用的灶，第二天挖了五萬人用的灶，第三天只挖了二萬人用的灶。魏將龐涓誤以為齊軍三天即逃亡大半，便帶領部分輕兵緊追齊軍。孫臏判斷魏軍於日落時可到達馬陵（今河南范縣境），於是設下伏兵。待魏軍到達時，齊軍萬箭齊發，魏軍潰亂，龐涓自殺（山東臨沂漢墓《孫臏兵法》殘簡為龐涓被擒），齊軍乘勝追擊，大破魏軍，主將太子申被俘。

⑦以利動之，以卒待之：以小利引誘調動敵人，以伏兵待機破敵。例如公元前700年，楚國攻打絞國，絞人守城不出，楚便用無兵保衛的打柴人前往誘敵，使絞人俘獲三十人。絞人見有利可圖，於次日大批出動。這時，預先埋伏於山下的楚兵突然出擊，大敗絞人。

【大意】

在紛紛紜紜的混亂狀態中作戰，必須使自己的部隊不發生混亂；在渾沌不清的情況下打仗，必須把隊伍部署得四面八方都能應付自如，使敵人無隙可乘，無法敗我。在一定條件下，「亂」可以由「治」產生，「怯」可以由「勇」產生，「弱」可以由「強」產生。「治亂」，是組織指揮的問題；「勇怯」，是「任勢」的問題；「強弱」，是軍事實力的問題。所以，善於調動敵人的將帥，欺騙敵人，敵人必為其所騙；予敵以利，敵人必為其所誘。以小利引誘調動敵人，以伏兵待機掩擊敵人。

故善戰者，求之於勢，不責於人①，故能擇人而任勢②。任勢者，其戰人③也，如轉木石。木石之性，安④則靜，危⑤則動，方則止，圓則行。故善戰人之勢，如轉圓石於千仞之山者，勢⑥也。

【注釋】

①不責於人：不苛求部屬。責，責備，這裏指苛求。

②能擇人而任勢：擇，選擇；任，任用、利用。這句是說，挑選適當人才，充分利用形勢。例如，公元215年，魏將張遼、樂進、李典率七千餘人守合肥。孫權自領十萬大軍來攻，魏軍人心驚恐。張遼等依據曹操「若孫權至，張、李二將軍出戰，樂將軍守城」的指令，留樂進守城，張遼、李典乘吳軍尚未集中的時機，挑選了八百將士，突然衝入孫權所在的軍營，殺得吳軍措手不及，銳氣大損。張遼等殺出重圍後，合力堅守合肥，人心安定。孫權圍城十餘日不能得逞，只好撤退。後人認為，在這樣力量懸殊的情況下，合肥之所以能夠固守，曹操能擇人而任勢是一個重要原因。

③戰人：指揮士卒作戰。與《形篇》中之「戰民」意義相同。

④安：安穩，這裏指地勢平坦。

⑤危：危險，這裏指地勢陡斜。

⑥勢：是在「形」（軍事實力）的基礎上，發揮將帥的指揮作用，所造成的有利態勢和強大的衝擊力量。

【大意】

所以，善於指揮打仗的將帥，他的注意力放在「任勢」上，而不苛求部屬，因而他就能選到適當人才，利用有利形勢。善於「任勢」的人，他指揮將士作戰，好像轉動木頭和石頭一樣。木頭石頭的特性是放在平坦的地方比較穩定，放在陡斜的地方就容易移動，方形的木石就比較穩定，圓形的就容易滾動。所以高明的將帥指揮軍隊打仗時所造成的有利態

勢，就好像把圓石從八千尺高山上往下飛滾那樣，不可阻擋；這就是軍事上的所謂的「勢」！

孫子曰：凡先處①戰地而待敵者佚，後處戰地而趨戰②者勞。故善戰者，致人而不致於人③。能使敵人自至者，利之也；能使敵人不得至者，害之也。故敵佚能勞之，飽能饑之，安能動之。

## 虛實篇

【注釋】

①處：居止，這裏是到達、占據的意思。

②趨戰：倉促應戰的意思。趨，疾行、奔赴。

③致人而不致於人：調動敵人而不為敵人所調動。致，引來，這裏是調動的意思。

【大意】

凡先到達戰地而等待敵人的就從容、主動、後到達戰地而倉促應戰的就疲勞、被動。所以，善於指揮作戰的人，總是調動敵人而不被敵人所調動。能使敵人自己來上鉤的，是以利引誘的結果；能使敵人不得前來的，是以害威脅的結果。所以，敵人休整得好，能設法使它疲勞；敵人給養充分，能設法使它饑餓；敵人安處不動，能設法調動它。

出其所不趨①，趨其所不意。行千里而不勞者，行於無人之地也。攻而必取者，攻其所不守也；守而必固者，守其所不攻也。故善攻者，敵不知其所守；善守者，敵不知其所攻。微②乎微乎，至於無形，神③乎

神乎，至於無聲，故能為敵之司命。進而不可禦者，衝其虛也；退而不可追者，速而不可及也。故我欲戰，敵雖高壘深溝，不得不與我戰者，攻其所必救④也；我不欲戰，畫地而守⑤之，敵不得與我戰者，乖其所之⑥也。

【注釋】

① 出其所不趨：出兵要指向敵人無法急救的地方，也就是擊其空虛的意思。漢簡《孫子兵法》此句作「出於其所必趨」，《太平御覽》等此句作「出其所必趨」，均為「攻其必救」之意。

② 微：微妙。

③ 神：神奇、深奧。

④ 攻其所必救：攻擊敵人必然要救援的要害之處，以便調動敵人。例如，公元前353年，齊將田忌根據軍師孫臏的建議，採取「批亢搗虛」、「攻其必救」的戰法，不直接救援正被魏軍圍攻的趙都邯鄲（今河北邯鄲），而向魏都大梁（今河南開封）進軍，迫使魏軍回師自救，從而解趙之圍。這就是歷史上有名的「圍魏救趙」之戰。

⑤ 畫地而守：指不設防就可守住，比喻非常容易。

⑥ 乖其所之：即改變敵人的去向，把它引向別的地方去。乖，違背、背離，這裏是改變的意思；之，這裏作「往」字講。

【大意】

出兵要指向敵人無法急救的地方，行動於敵人意料不到的方向。行軍千里而不困頓的，是因為行進在沒有敵兵或敵人防守不嚴的地區。進攻必然得手的，是因為攻擊敵人不注意防守或不易守住的地方；防守必然鞏固的，是因為扼守敵人不敢攻或不易攻破的地方。所以，善於進攻的，能使敵人不知怎樣守好；善於防守的，能使敵人不知怎樣攻好。微妙呀！

微妙到看不出一點形跡；神奇呀！神奇到聽不出一點聲息。這樣，就能成為敵人命運的主宰。前進時，敵人無法抵禦的，是由於衝向敵人防守薄弱的地方；退卻時，敵人無法迫及的，是由於行動很快，敵人追不上。所以，我若求戰，敵人即使堅守深溝高壘，也不得不出來與我交戰的，是由於進攻敵人所必救的地方；我若不想交戰，即使畫地而守，敵人也無法和我交戰的，是因為我設法改變了敵人的進攻方向。

故形人而我無形①，則我專②而敵分；我專為一，敵分為十，是以十攻其一也，則我眾而敵寡；能以眾擊寡者，則吾之所與戰者約③矣。吾所與戰之地不可知，不可知，則敵所備者多；敵所備者多，則吾所與戰者寡矣。故備前則後寡，備後則前寡，備左則右寡，備右則左寡，無所不備，則無所不寡。寡者，備人者也；眾者，使人備己者也。

【注釋】

①形人而我無形：用示形的辦法欺騙敵人，誘使其暴露企圖，而自己不露形跡，使敵人不知虛實，捉摸不定。

②專，專一，這裏是集中的意思。

③約：少而弱的意思。《淮南子‧主術》：「所守甚約。」這裏的「約」也是少的意思。

【大意】

所以，用示形的辦法欺騙敵人，誘使其暴露企圖，而自己不露形跡，使敵捉摸不定，就能夠做到自己兵力集中而使敵人兵力分散；自己兵力集中於一處，敵人兵力分散於十處，這

樣，我就能以十倍於敵的兵力打擊敵人，造成我眾而敵寡的有利態勢；能做到以眾擊寡，那麼與我軍直接交戰的敵人就少了。我們所要進攻的地方使敵人不知道，不知道，它就要處處防備；敵人防備的地方越多，兵力越分散，這樣，我所直接攻擊的敵人就不多了。所以，注意防備前面，後面的兵力就薄弱；注意防備後面，前面的兵力就薄弱；注意防備左翼，右翼的兵力就薄弱；注意防備右翼，左翼的兵力就薄弱；處處防備，就處處兵力薄弱。兵力所以少，是由於處處防備的結果；兵力所以多，是由於迫使敵人分兵防我的結果。

故知戰之地，知戰之日，則可千里而會戰。不知戰之地，不知戰日，則左不能救右，右不能救左，前不能救後，後不能救前，而況遠者數十里，近者數里乎！以吾度①之，越人②之兵雖多，亦奚③益於勝敗哉！故曰：勝可為④也。敵雖眾，可使無鬥⑤。

【注釋】
①度：忖度、推斷。
②越人：即越國人。越是吳的敵國。
③奚：疑問詞，何的意思。
④勝可為：指勝利是可以爭取到的。孫武在《形篇》中說：「勝可知而不可為。」是說勝利可以預知，但不能憑主觀願望去取得，必須具備一定的條件才行；此處又說「勝可為」，是說在具備一定條件的基礎上，能夠通過將帥巧妙的指揮取得勝利。不難看出，這裏包含有樸素的辯證法思想。
⑤可使無鬥：可以使敵人兵力分散而無法用全力與我交戰。

【大意】
所以，能預知同敵人交戰的地點，能預知同敵人交戰的時間，這樣，即使跋涉千里，也可同敵人會戰。如果既不能預

知交戰的地點，又不能預知交戰的日期，就會左不能救右，右不能救左，前不能救後，後不能救前，何況遠到幾十里、近的也有好幾里呢！依我看來，越國的兵雖多，對於決定戰爭的勝敗又有什麼補益呢？所以說，勝利是可以爭取到的。敵人兵力雖多，也可以使其無法用全部力量與我交戰。

故策①之而知得失之計②，作③之而知動靜之理④，形之而知死生之地⑤，角之而知有餘不足之處⑥。故形兵之極，至於無形；無形，則深間不能 窺⑦，智者不能謀。因形而錯勝於眾⑧，眾不能知；人皆知我所以勝之形⑨，而莫知吾所以制勝之形。故其戰勝不複⑩，而應形於無窮。

【注釋】
①策：策度、籌算，這裏是根據情況分析判斷的意思。
②得失之計：這裏指敵人作戰計畫的優劣長短。
③作：動作，這裏是挑動的意思。
④動靜之理：指敵人行動的規律。
⑤死生之地：指敵人所處地形的有利不利情況。
⑥角之而知有餘不足之處：角，角量、較量，這裏指進行試探性的進攻。此句是說，經過試探性進攻，就可了解敵人兵力部署的虛實情況。例如，公元222年，吳蜀兩軍相持於猇亭（今湖北宜都北）一帶，吳將陸遜得知蜀軍連營數百里，兵力分散，士氣沮喪，決定實施反攻。為進一步摸清情況，陸遜派兵先攻蜀軍一營，結果失利。諸將都認為「空殺兵耳」，陸遜則認為「吾已曉破敵之術」。原來，經過這次戰鬥偵察，陸遜發現蜀軍軍營都是木柵構成，於是，決定火攻破敵，取得了連破蜀軍四十餘營的彝陵之戰的勝利。
⑦深間不能窺：指即使有深藏的間諜，也無法探知我之真實情

況。窺，偷看的意思。

⑧錯勝於眾：指將勝利擺在人們面前。錯，通「措」，放置的
　意思。

⑨形：形態，這裏指作戰的方式方法。

⑩戰勝不復：指作戰方法靈活多變，每次取勝的方法都不重覆。

【大意】

認真分析判斷，以求明瞭敵人作戰計畫的優劣長短；挑動敵
人，以求了解其活動的規律；示形誘敵，以求摸清其所處地
形的有利不利；進行戰鬥偵察，以求探明敵人兵力部署的虛
實強弱。所以，示形誘敵的方法運用到極妙的程度，能使人
們看不出一點形跡。這樣，就是有深藏的間諜，也無法探明
我方的虛實，即使很高明的人，也想不出對付我的辦法來。
把根據敵情變化靈活運用戰法而取得的勝利擺在眾人面前，
人們也看不出來；人們都知道我取勝的一般戰法，但不知道
我是怎樣根據敵情變化靈活運用這些戰法而取勝的。所以，
每次戰勝，都不是重覆老一套，而是適應敵情的發展而變化
無窮。

夫兵形①象水，水之行，避高而趨下；兵之
形，避實而擊虛②。水因地而制流，兵因敵
而制勝。故兵無常勢，水無常形；能因敵變
化而取勝者，謂之神③。故五行無常勝④，四
時無常位⑤，日有短長⑥，月有死生⑦。

【注釋】

①兵形：用兵的規律。形，方式方法，這裏有規律的意思。

②避實而擊虛：指避開敵人堅實之處，攻擊其空虛薄弱的地
　方。例如，公元前632年，晉文公率晉、齊、秦軍救宋，與
　圍宋的楚軍在城濮（今山東鄄城西南）決戰時，就是採取避
　實擊虛的戰法打敗楚軍的。戰鬥開始時，晉軍為了避免與楚

的中軍主力決戰，令其下軍把駕車的馬蒙上虎皮，首先向楚右軍進攻。楚右軍是由其盟軍陳、蔡軍隊阻成的，戰鬥力最弱，遭到這一出其不意的打擊，立即潰敗。晉上軍主將狐毛為了誘殲戰鬥力較弱的楚左軍，接戰後故意豎起兩面大旗引車佯退，下軍主將欒枝也令陣後的戰車拖著樹枝揚起塵土偽裝敗逃。楚軍統帥子玉不知是計，下令追擊。晉軍元帥先軫指揮中軍主力乘機橫擊楚軍，晉上軍也回軍夾擊，楚左軍大部被殲。子玉急忙下令撤退，才保全了中軍逃回楚地。

③神：神奇、智謀高超，這裏是用兵如神的意思。

④五行無常勝：五行，即金、木、水、火、土。古人把這五種東西看作構成萬物的基本元素，並認為它們之間「相生相勝」。所謂「相生」，即木生火，火生土，土生金，金生水，水生木。所謂「相勝」（也叫「相剋」），指金剋木，木剋土，土剋水，水剋火，火剋金。這種相生相剋的結果沒有哪一個固定獨勝。

⑤四時無常位：指春、夏、秋、冬依次更替，循環往復，沒有哪個季節固定不變。

⑥日有短長：指一年之中，白天的時間有短有長，始終處於變化之中。

⑦月有死生：指月亮有圓缺明暗的變化。

【大意】

用兵的規律像水，水流動的規律是避開高處而流向低處，用兵的規律是避開敵人堅實之處而攻擊其虛弱的地方。水因地勢的高下而制約其流向，用兵則要依據敵情而決定其取勝方針。所以，用兵作戰沒有固定不變的方式方法，就像水流沒有固定的形狀一樣；能依據敵情變化而取勝的，就稱得上用兵如神了。用兵的規律就像自然現象一樣，「五行」相生相剋，四季依次交替，白天有短有長，月亮有缺有圓，永遠處於變化之中。

# 用間篇

孫子曰：凡興師十萬，出征千里，百姓之費，公家之奉①，日費千金；內外騷

動，怠②於道路，不得操事③者，七十萬家④。相守⑤數年，以爭一日之勝，而愛爵祿百金⑥，不知敵之情者，不仁⑦之至也，非人之將也，非主之佐也，非勝之主⑧也。故明君賢將，所以動而勝人⑨，成功出於眾者，先知⑩也。先知者，不可取於鬼神⑪，不可象於事⑫，不可驗於度⑬，必取於人，知敵之情者也。

【注釋】
①奉：同「俸」，這裏指費用。
②怠：疲憊、懈怠。
③操事：操作農事。
④七十萬家：指出兵打仗，要有大量的民眾承受繁重的徭役、賦稅，不能正常地從事勞動。曹操注：「古者八家為鄰，一家從軍，七家奉之，言十萬之師舉，不事耕稼者七十萬家。」
⑤相守：相持。
⑥愛爵祿百金：指吝嗇爵位、俸祿和金錢而不肯重用間諜。愛，吝嗇；爵，爵位；祿，俸祿。
⑦不仁：這裏指不顧國家和民眾的利益。
⑧非勝之主：意為不是能打勝仗的好國君。主，國君。
⑨動而勝人：指一出兵就能戰勝敵人。動，舉動，這裏指出兵。
⑩先知：指事先知道敵人情況。
⑪取於鬼神：指用祈禱、祭祀鬼神和占卜等辦法去取得。
⑫象於事：指以過去相似的事物做類比。象，相類。
⑬驗於度：指以日月星辰運行的位置來占卜吉凶禍福。驗，應驗；度，度數，指星宿的位置。

【大意】
凡出兵十萬，千里征戰，百姓們的耗費，國家的開支，每天

要花費千金；舉國騷動，民眾服徭役，疲憊於道路，不能從事耕作的七十萬家。戰爭雙方相持數年，是為了取勝於一旦，如果吝嗇爵祿和金錢，不肯重用間諜，以致不能了解敵人情況而遭受失敗，那就太「不仁」了。這樣的將帥，不是軍隊的好將帥，不是國君的好助手；這樣的國君，不是能打勝仗的好國君。英明的國君，良好的將帥，之所以一出兵就能戰勝敵人，而成功超出於眾人之上的，其重要原因，在於他事先了解敵情。而要事先了解敵情，不可用迷信鬼神和占卜等方法去取得，不可用過去相似的事情做類比，也不可用觀察日月星辰運行位置去占卜，一定要從了解敵情的人那裏去獲得。

故用間有五：有因間①，有內間，有反間，有死間，有生間。五間俱起，莫知其道②，是謂神紀③，人君之寶也。因間者，因其鄉人而用之④。內間者，因其官人而用之⑤。反間者，因其敵間而用之⑥。死間者，為誑事於外⑦，令吾間知之，而傳於敵間⑧也。生間者，反報也⑨。

【注釋】
①因間：間諜的一種，即本篇下文所說的「鄉間」。
②五間俱起，莫知其道：五種間諜都使用起來，就能使敵人摸不到規律，無從應付。道，途徑、規律。
③神紀：神妙莫測之道。紀，道。
④因其鄉人而用之：指利用敵國的普通人做間諜。因，憑藉、根據，這裏引伸為利用。
⑤內間者，因其官人而用之：官人，指敵國官吏。這句的意思是，所謂內間，是指收買敵國官吏做間諜。例如，公元前229年，秦將王翦率兵進攻趙國，趙派大將李牧和司馬尚進

行抵禦。李牧善於用兵，過去常常打敗秦軍。秦軍想要把李牧除掉，使用重金收買趙王的寵臣郭開等人，使其散布謠言，說李牧、司馬尚圖謀反趙。趙王信以為真，便派趙蔥和顏聚代替李牧為將，將李牧斬首，並罷了司馬尚的官。第二年，王翦知李牧被殺，便進行急襲，大敗趙軍，俘虜了趙王，滅了趙國。

⑥反間者，因其敵間而用之：所謂反間，就是收買或利用敵方派來的間諜，使其為我所用。

⑦為誑事於外：故意向外散布虛假的情況，假裝洩漏了機密，以欺騙、迷惑敵人。誑，迷惑、欺騙。

⑧令吾間知之，而傳於敵間：指讓我方間諜了解我所故意洩漏的虛假情況，並傳給敵人，使敵人上當。事發之後，我方間諜往往會被處死。有的版本此句為：「令吾間知之，而傳於敵也。」

⑨生間者，反報也：所謂生間，是指到敵方了解情況後能親自返回報告情況的人。反，同「返」。


【大意】

使用間諜有五種：有「因間」，有「內間」，有「反間」，有「死間」，有「生間」。五種間諜都使用起來，就能使敵人摸不到規律而無從應付，這就是所謂「神紀」，是國君制勝敵人的法寶。所謂「因間」，是指利用敵國鄉里的普通人做間諜。所謂「內間」，是指收買敵國的官吏做間諜。所謂「反間」，是指收買或利用敵方派來的間諜為我效力。所謂「死間」，是指故意散布虛假情況，讓我方間諜知道而傳給敵方，敵人上當後往往將其處死。所謂「生間」，是指派往敵方偵察後，親自返回報告敵情的人。


故三軍之事，莫親於間①，賞莫厚於間，事莫密②於間。非聖智③不能用間，非仁義不能使間④，非微妙不能得間之實⑤。微哉！微哉！無所不用間也。間事未發，而先聞

者，間與所告者皆死。

【注釋】
①三軍之事，莫親於間：軍隊最親信的人中沒有比間諜更為
　親信的了。漢簡《孫子兵法》、《通典》、《太平御覽》皆作
　「三軍之親，莫親於間」。
②密：秘密、機密。
③聖智：指才智過人。
④非仁義不能使間：這裏指不吝嗇優厚的爵祿賞賜，並以誠相
　待；這樣，間諜才決心為其效命。
⑤非微妙不能得間之實：不是用心精細、手段巧妙的將領，不
　能取得間諜的真實情報。微妙，精細奧妙，這裏指用心精
　細、手段巧妙；實，指實情。

【大意】
所以軍隊中的親信，沒有比間諜再親信的了，獎賞沒有比間
諜更優厚的了，事情沒有比用間更機密的了。不是才智過人
的將帥不能使用間諜；不是「仁義」的將帥也不能使用間諜；
不是用心精細、手段巧妙的將帥不能取得間諜的真實情報。
微妙啊！微妙啊！真是無處不可使用間諜呀！用間的計謀尚
未施行，就被洩漏出去，間諜和他所告訴的人都要處死。

凡軍之所欲擊，城之所欲攻，人之所欲
殺，必先知其守將①、左右②、謁者③、門
者④、舍人⑤之姓名，令吾間必索知之。必
索敵人之間來間我者，因而利之，導而舍
之⑥，故反間可得而用也。因是而知之⑦，
故鄉間、內間可得而使也。因是而知之，
故死間為誑事，可使告敵。因是而知之，
故生間可使如期。五間之事，主必知之，

知之必在於反間，故反間不可不厚也。

【大意】
凡是要攻擊的敵軍，要攻占的城邑，要擊殺的敵方人員，必
須預先了解主管將帥及其左右親信、掌管傳達通報的官員、
負責守門的官吏以及門客幕僚的姓名，務必命令我方間諜偵
察清楚。必須查出敵方派來偵察我方的間諜，以便依據情況
進行收買、利用，要經過誘導或交代任務，然後放他回去，
這樣，反間就可以為我所用了。從反間那裏得知敵人情況之
後，所以鄉間、內間就可得以使用了。因從反間那裏得知敵
人情況，所以散布給死間的虛假情況就可以傳給敵人。因從
反間那裏得知敵人情況，所以生間就可遵照預定的期限，回
來報告敵情。五種間諜使用之事，國君都必須懂得，其中的
關鍵在於會用反間。所以，對反間不可不給予優厚的待遇。


昔殷①之興也，伊摯②在夏③；周④之興也，
呂牙⑤在殷。故明君賢將，能以上智⑥為間
者，必成大功，此兵之要，三軍之所恃而
動⑦也。

①殷：公元前十七世紀，商湯滅了夏桀後建立的國家，建都亳
　（今河南商丘縣北），歷史上叫商代。後來，商王盤庚遷都
　到殷（今河南安陽小屯村），因而商亦稱殷。

②伊摯：即伊尹，原為夏桀之臣。商湯滅夏時，用他為相，滅
　了夏桀。

③夏：夏啟所建立的王朝，建都安邑（今山西聞喜東南）、陽
　翟（今河南禹縣）等地。傳到桀，為商湯所滅。

④周：公元前十一世紀，周武王滅商後建立的王朝。建都鎬京
　（今陝西西安）。

⑤呂牙：即姜子牙，俗稱姜太公。曾為殷紂王之臣。周武王姬
　發伐紂時，用呂牙為「師」，打敗了紂王。

⑥上智：指具有很高智謀的人。

⑦所恃而動：指依靠間諜所提供的情報而採取行動。恃，依靠。

【大意】

從前商朝的興起，是由於重用了在夏為臣的伊尹；周朝的興
起，是由於重用了在殷為官的呂牙。所以，英明的國君、賢
能的將帥，能用有大智的人做間諜，一定能成就大的功業。
這是用兵作戰的要事，整個軍隊，都要依靠間諜提供情報而
採取行動。

# 這本書的譜系：歷代智謀類著作
## Related Reading

文：周穎君

---

## 《孫子兵法》

作者：孫武　朝代：春秋末期

《孫子兵法》是兵經、武經，甚至到了宋朝還成了考試的參考書。其軍事思想強調重戰、慎戰。講求廟算，每一場戰役之前一定要經過審慎的考察，顯現出安國保民、不戰而屈人之兵等全勝思想。內容包含了政治、軍事、經濟、外交、自然環境等等。此書不只在軍事上被譽為聖經，更能在其他領域發光發熱，並流傳千年。各國譯本、研究不曾間斷，在商業、文學、人際關係等等方面也能加以應用。

---

## 《諸葛亮集》

作者：諸葛亮　朝代：東漢末期

《諸葛亮集》為陳壽所編，其中《將苑》與《便宜十六策》為兵法之研究，《將苑》說明將領帶兵時所需的條件，以及應付敵人時的策略，強調將領必須具備的能力。《便宜十六策》的重點則在於一國之君應該如何治軍，才能使國家富強。諸葛亮擅長兵法，「八陣圖」即為經典之作。《諸葛亮集》中的兵法，不只說明戰爭的技巧與方法，也強調「識人」，不僅是軍事指導書籍，也是企業管理、人才培育的重要參考書。

---

## 《鬼谷子》

作者：待考　朝代：戰國

鬼谷子可說是縱橫家之始祖，相傳使用合縱、連橫策略的蘇秦、張儀就是他的學生。《鬼谷子》一書將《易經》中的陰陽、五行融入到兵法之中，書中充滿軍事學、氣象、士兵心理、布陣、遊說等方法。此書開創了縱橫家，縱橫家在外交上有顯著的成績，雖然是以拐騙、陰謀等不是很光明的方法來得到自己的利益，但仍然受到一定程度的重視。

---

## 《韓非子》

作者：韓非　朝代：戰國後期

《韓非子》書中提到人性本惡，所以需要嚴刑峻法，在政治上講求法、術、勢三者兼備，缺一不可。有了嚴刑峻法，還必須要有權勢才能行使法，君主治國時，除了嚴刑峻法及權勢之外，還必須具備方法、技巧，這就是術。君主設立百官，各有職守，必須做好管理，自己掌握大權，就是用術。用術的方法還要無為，意味君主不能展現自身好惡，必須管理好自己，要清廉、正直，才能駕馭百官。這樣的思想運用在政治上，主張以戰立國，以農富國。即使後世各朝代是儒家當道，也不難看出當權者陽儒陰法的影子。

## 《吳起兵法》

作者：吳起 朝代：戰國時期

《吳起兵法》是與《孫子兵法》齊名的重要兵書，同樣被列為《武經七書》之內。此書強調人才的重要、識人、用人、養材，皆不可忽視。這本兵書對於實際的作戰狀況與可能會遇到的情況都有詳細的說明與解釋，具備實用價值。吳起曾經受業於曾子門下，因此軍事思想較偏於儒家，例如他認為要國家富強，首先必須要內修文德、外治武備，對於民眾的教化也不容忽視。這點也是《吳起兵法》與《孫子兵法》不同之處。

## 《墨子》

作者：墨子及其弟子 朝代：戰國中期

墨子為軍事家、思想家，其軍事思想充分呈現在《墨子》書中。《備城門》以下十一篇，可看出他反對兼併戰爭，但弱者該為保全自己而防守，因此發展出許多防守方法，對各種守城器具都有詳細尺寸與說明。《墨子》一書包含他的核心思想：兼愛、非攻、尚賢、尚同、節用、節葬、非樂、非命、天志、明鬼。這十個核心思想是相輔相成，相互為用，展現墨子的政治觀、科學觀、軍事觀、經濟、文化等層面的思想。

## 《周易》

作者、朝代：非一人一時之作

《周易》年代久遠，相傳為伏羲畫八卦，經後人逐漸累積、補充，至孔子作《易傳》之後，展現出其中許多哲理，發展內容博大精深，可說是中國古代的百科全書。其中陰陽五行、運動變化、事物生成的道理，廣泛運用在各個領域。在軍事上，《周易・師卦》中也有一些重要的原則，例如師出有名，不可打不義之戰；必須任用可以信任的將領，平時便要訓練民眾，才能以備不時之需。這些原則及陰陽五行的原理，被廣泛運用在後世的兵法中。

## 《三十六計》

作者：待考 朝代：相傳為明清之際

為古代軍事、謀略思想之總和，整理成三十六個計謀，受《易經》影響頗大，作者應該是一個熟悉《易經》之人。其內容包含了《易經》之陰陽變化，變化出三十六個計謀，計與計之間，也可以環環相扣，變化出更多的計謀。《三十六計》可說是兵家「詭道」的集大成。此書不只是在軍事上有極高的價值，在政治、外交、商場等等各領域都有其實用性，足以成為每一個成功之人背後的推手。

# 延伸的書、音樂、影像
## Books, Audios & Videos

## 《孫子集註》

作者：魏武帝等注，清‧孫星衍等校　　出版社：三民，2006年

本書校注者孫星衍為乾嘉年間的知名學者，深究訓詁與經史學，專精於校勘，作品有《春秋釋例》《唐律疏義》等。本書為古籍重刊，在編排上仿古籍採取「夾注」方式，內容上則擷取近代學者的校注成果，並且加注說明各版本的異同。

## 《新譯孫子讀本》

作者：吳仁傑注譯　　出版社：三民，2008年

本書參照多種善本，進行仔細的校勘與注釋，並且附有插圖說明與銀雀山出土的竹簡本，文字簡易明瞭，適合今人閱讀。

## 《銀雀山孫子兵法破譯記》

作者：岳南　　出版社：中國海南，2007年

本書重現考掘銀雀山漢墓與破譯出土竹簡的過程，並且針對相關的歷史人物進行介紹與說明，如伍子胥、越王句踐、西施、鬼谷子、孫臏、龐涓等，再現春秋戰國時期的歷史場景。

## 《孫子兵法圖解百科》

作者：孫子　　出版社：漢宇，2009年

本書的主要特色在於選用超過一千五百張彩色圖片，搭配白話故事詳解，從兵器、戰爭文物、戰爭遺跡、帝王將士畫像等圖片，至重現戰爭場景的繪圖，以深入淺出的方式了解孫子的兵法思想。

## 《圖解孫子兵法》

作者：張華正　　出版社：華威，2009年

本書共分四章，先說明《孫子兵法》的重要歷史價值與產生的影響，至針對其中各篇進行詳解，第三部分則是介紹中國古代的戰爭與器具大全，從兵器使用的沿革指出戰爭型態的改變，最後則是將《孫子兵法》運用於商場上的謀略，除了現代企業家所應具備的特質，更提出商場的教戰守則。

## 《孫子兵法知識地圖》

作者：程國政　　出版社：遠流，2008年

本書詮釋並轉化《孫子兵法》的思想，發展成「結構地圖」、「原文地圖」、「兵學地圖」、「哲學地圖」四種地圖，藉由立體化孫子思想的知識結構，提供一個簡明而清楚的方式理解《孫子兵法》，透過系統化與結構化孫子的思想，深入其博大精深的內涵。

## 《弘兼憲史教你活用孫子兵法：玩戰術、衝業績、拚晉升》

作者：弘兼憲史、前田信弘　　出版社：漫遊者文化，2010年

本書作者之一的弘兼憲史是日本暢銷漫畫家，他的代表作為描述商場競爭的《課長島耕作》。他透過解讀十三篇《孫子兵法》，提出可運用於商場上的策略，並且附上漫畫情境呈現與詳細的圖表說明，讓讀者以清楚簡潔的方式理解《孫子兵法》。

## 《兵聖》

導演：趙箭、吳家駘、戚健　　演員：朱亞文、胡靜

描述孫武所成長的齊國與權勢鬥爭，之後出奔吳國開展軍事生涯的故事，深刻描繪孫武的生平與事蹟。

## 《孫子謀略》

導演：騰敬德　　演員：師小紅、楊洪武、李洪濤

全劇從齊國家族的爭權奪勢與孫子的感情生活切入，闡述孫子精彩的一生，從一個卿相之子，成為吳國將軍的過程。

經典3.0
ClassicsNow.net

# 以德治兵者得天下 孫子兵法

原著：孫武
導讀：王守常
2.0繪圖：蔡志忠

策畫：郝明義
主編：冼懿穎
美術設計：張士勇
編輯：張瑜珊
圖片編輯：陳怡慈
美術：倪孟慧 戴妙容
邊欄短文寫作：周穎君
3.0原典選讀譯文、注釋：北京中華書局授權使用
校對：呂佳真

感謝北京故宮博物院對本書之圖片內容提供特別支持與協助

企畫：網路與書股份有限公司
出版者：大塊文化出版股份有限公司
台北市10550南京東路四段25號11樓
www.locuspublishing.com
讀者服務專線：0800-006689
TEL：886-2-87123898　　FAX：886-2-87123897
郵撥帳號：18955675
戶名：大塊文化出版股份有限公司
法律顧問：全理法律事務所董安丹律師

總經銷：大和書報圖書股份有限公司
地址：台北縣新莊市五工五路2號
TEL：886-2-8990-2588
FAX：886-2-2290-1658
製版：瑞豐實業股份有限公司
初版一刷：2011年1月
定價：新台幣220元
Printed in Taiwan

以德治兵者得天下：孫子兵法 ／ 孫武原著；
王守常導讀；蔡志忠繪. -- 初版. -- 臺北市
：大塊文化, 2011.01
　　面；　　公分. --（經典 3.0；16）

　　ISBN　978-986-213-224-1（平裝）

　　1. 孫子兵法

592.092　　　　　　　　　　　99025243